Autisme, le gène introuvable

Bertrand Jordan

Autisme, le gène introuvable

De la science au business

Éditions du Seuil
25, bd Romain-Rolland, Paris XIVᵉ

ISBN 978-2-02-105411-8

www.seuil.com

Pour Anne,

Avant-propos

Ce livre raconte une histoire, celle de la confrontation de l'auteur avec l'annonce pour le moins prématurée d'un « test génétique pour l'autisme », en 2005, et des diverses péripéties scientifiques, médiatiques et même judiciaires auxquelles cette nouvelle a donné lieu au fil des années. Mais il a un propos bien plus général, celui de retracer, à travers cet exemple particulièrement frappant, un aperçu des recherches sur les maladies génétiques complexes et une vision sans tabous du monde de la « biotech » – en s'attachant naturellement aux enjeux particuliers du syndrome autistique qui a été la cible de tant de dérives, notamment du côté des approches psychanalytiques, et qui continue à soulever les passions.

L'autisme, quoi que l'on ait pu en dire dans le passé, est indéniablement une maladie organique, dans laquelle la mise en place des circuits neuronaux au cours de la vie fœtale est perturbée, et qui présente une composante génétique majeure dont la réalité a été démontrée dès le milieu des années 1980. Dans notre pays (mais c'est une exception au niveau mondial), cette affection reste pourtant fréquemment assimilée à une psychose infantile, dont les causes seraient à rechercher dans une relation mère-enfant perturbée, et dont le traitement fait appel à des concepts psychanalytiques. Même si cette conception, quasiment abandonnée à l'étranger, n'est plus vraiment défendue aujourd'hui par la grande majorité du corps médical, elle reste très présente dans l'opinion et dans les structures de soin. Elle entraîne une sous-valorisation des thérapies d'orientation comportementaliste qui, si elles ne font pas de miracles, permettent souvent d'améliorer le pronostic et l'intégration sociale de ces enfants. Ce rejet de méthodes assimilées à un « dressage » ou à un « conditionnement » s'accompagne, très logiquement, d'une négation des aspects génétiques du syndrome.

Mais il faut reconnaître que la recherche du ou des « gènes de l'autisme » s'est avérée plus que décevante, malgré la forte influence génétique dont le signe le plus évident est la concordance*[1] très élevée entre vrais jumeaux. Ce problème n'est pas spécifique à l'autisme, un tel constat a été fait pour de nombreuses maladies dont la composante génétique est pourtant indiscutable, comme le diabète, la maladie de Crohn, ou les affections cardio-vasculaires. En fait, notre perception est faussée par les remarquables succès de la génétique médicale des années 1990 qui a découvert les gènes impliqués dans la myopathie de Duchenne, la mucoviscidose, la chorée de Huntington, et tant d'autres... Ces succès ont été rendus possibles par le fait que ces affections sont monogéniques*, c'est-à-dire qu'elles sont dues à un défaut présent dans un seul gène, toujours le même. De ce fait, leur transmission dans les familles se fait selon un schéma mendélien classique, et la traque du gène impliqué est relativement simple. Mais, dans la réalité, si la majorité

1. Les termes suivis d'un astérisque lors de leur première apparition sont explicités dans le glossaire, en fin de volume.

des affections présente une composante génétique, cette dernière est généralement complexe, c'est-à-dire qu'elle fait intervenir plusieurs gènes (parfois même très nombreux) et non un seul. Du coup, l'effet de chacun d'eux est faible, leur mise en évidence en devient très difficile et la valeur prédictive – le risque entraîné par la présence chez une personne de la « mauvaise » version d'un tel gène – est peu élevée. La simplicité des maladies monogéniques, et le caractère souvent « fatal » des prévisions possibles dans ce cas, ont durablement déformé notre vision des influences génétiques sur notre santé, et contribué à entretenir des illusions tant au niveau du diagnostic qu'à celui de la thérapie. Des progrès techniques très significatifs, l'apparition des puces à ADN* il y a une dizaine d'années et, plus récemment, la perspective du « génome à 1 000 dollars », ont changé la donne et permis l'obtention de résultats solides et reproductibles, la mise en évidence convaincante de gènes intervenant dans les maladies complexes. Mais le pouvoir prédictif de chacun d'eux est faible, et même s'ils ouvrent des voies très utiles pour la compréhension du mécanisme pathogène, leur impact en diagnostic et en thérapie reste limité. Cela est vrai pour l'autisme comme pour la plupart des maladies complexes.

Si l'on s'intéresse à ces recherches et à la manière dont les avancées sont réalisées dans ce secteur, on s'aperçoit rapidement que le théâtre du jeu n'est pas limité aux laboratoires « académiques », universitaires ou hospitaliers. L'industrie y joue un rôle essentiel, notamment à travers les start up en biotechnologie, petites sociétés innovantes qui se créent pour exploiter une idée, une découverte ou un procédé technique. Ces structures financièrement fragiles mais créatives et dynamiques jouent un rôle essentiel pour aller de la recherche fondamentale à l'application clinique, non sans se fourvoyer parfois dans des impasses techniques ou des tentatives tout à fait discutables sur le plan éthique. Ce livre donne aussi un éclairage sur ce monde bien particulier, à travers l'histoire de la société qui avait publié l'annonce mentionnée au début de cet avant-propos, et au cours des interactions de l'auteur avec ses responsables.

Finalement, à partir des répercussions d'un test génétique concernant l'autisme, cet ouvrage brosse un tableau du monde de la recherche sur les maladies complexes et éclaire les multiples interactions entre génétique, génomique, diagnostic, éthique… et business.

1

Une annonce surprenante

20 juillet 2005, dans les pages intérieures du journal *Le Monde*, un titre attire mon regard : « Le premier test de diagnostic de l'autisme va être lancé ». Connaissant les difficultés dans lesquelles se débat la génétique psychiatrique, il me semble pourtant que les données sur l'autisme sont plus que confuses et que l'on est encore bien loin de pouvoir proposer un test génétique concernant cette affection. Cependant, l'article, signé de Jean-Yves Nau, alors chroniqueur attitré du journal pour les sciences médicales, est catégorique : « les responsables de la société française de biotechnologie IntegraGen » annoncent le lancement « dès 2006, du premier test génétique de diagnostic de l'autisme ». Et, un peu plus loin, le journaliste précise qu'il s'agira « d'un *home test*, disponible sans prescription médicale ». Bigre ! Va-t-on vraiment mettre entre les mains des parents un test dont l'interprétation sera forcément délicate, et qui va désigner, peut-être à tort, leur enfant comme un autiste en puissance ? On imagine facilement les dégâts que pourrait causer un tel procédé…

L'autisme au sens clinique

L'autisme est certes un problème grave, tant pour les familles concernées que du point de vue de la société. Au-delà du sens courant du terme, désignant un refus ou une difficulté à communiquer, comme lorsqu'on parle d'un « gouvernement autiste », il s'agit d'un syndrome complexe dont les contours ont été précisés au fil des années, depuis que le terme a été introduit par le pédopsychiatre Leo Kanner en 1943. Son tableau clinique est caractérisé par des difficultés à plusieurs niveaux : un trouble du développement de l'interaction sociale réciproque, avec un détachement social marqué et une capacité d'empathie limitée, des réactions émotionnelles aux approches d'autres personnes altérées et marquées par l'évitement, des déficiences de la communication verbale et non verbale et un développement du langage en général très perturbé. Enfin, un répertoire restreint d'intérêts et de comportements allié à une résistance à tout changement et à des manies, des rituels manifestant un besoin exagéré d'ordre (*figure 1*). Le syndrome apparaît dès la toute petite enfance, et l'existence d'anomalies est généralement reconnue par les parents entre 12 et 18 mois : le nourrisson sourit peu et ne réagit guère à la présence des adultes, le petit enfant ne babille pas et n'acquiert pas les premiers éléments de langage. La définition du tableau clinique de l'autisme a fortement évolué au cours des années, on parle en général maintenant des « troubles du spectre autistique » (TSA[2]), catégorie qui regroupe l'autisme infantile au sens de Kanner avec plusieurs troubles apparentés, comme le syndrome d'Asperger dans lequel le langage et l'intelligence sont

2. Dans le monde anglo-saxon, ASD, *Autism spectrum disease(s)*.

peu atteints, ainsi qu'un « fourre-tout clinique » appelé « autisme atypique » dans lequel certains des symptômes de l'autisme classique sont absents.

Il s'agit d'une affection très handicapante (la majorité des enfants atteints ne devient jamais réellement autonome), lourde à porter pour les familles, et dont la prise en charge médicale et sociale est encore insuffisante. Elle fait l'objet de nombreux traitements de natures très diverses, depuis la psychanalyse jusqu'aux compléments alimentaires en passant par l'oxygène à haute pression… Plus sérieusement, différentes méthodes d'inspiration comportementale visent à faciliter les apprentissages de l'enfant. Elles présentent une certaine efficacité et peuvent faciliter l'insertion sociale du patient, surtout si elles sont employées très tôt dans la petite enfance, mais force est de reconnaître qu'il n'existe pas de thérapie à effet réellement curatif.

Figure 1. Un enfant autiste a rangé ses jouets de manière très précise avant de s'endormir.

Une épidémie d'autisme ?

La fréquence[3] de l'autisme est importante, on parle aujourd'hui de 1 enfant sur 150 ou même, selon les études les plus récentes, 1 sur 100, avec une atteinte très préférentielle des garçons. Le nombre d'enfants reconnus autistes a fortement augmenté depuis les années 1990, il a été multiplié par vingt (*figure 2*), au point que certains parlent d'une « épidémie d'autisme ». Cette épidémie est-elle réelle, ou provient-elle de l'élargissement des critères de diagnostic ? Nous avons vu que l'on regroupe aujourd'hui sous le terme d'autisme plusieurs affections apparentées ; par ailleurs on est sûrement plus attentif à ce type de problème qu'il y a vingt ou trente ans. Il est donc certain qu'une partie au moins de l'augmentation est liée à une définition plus large du syndrome et à une prise de conscience des parents comme du corps médical. Mais, à critères égaux, y a-t-il ou non un réel accroissement de l'incidence* ? La question n'est pas tranchée, et fait l'objet de nombreux débats. Au niveau des cliniciens et des épidémiologistes, l'opinion majoritaire – mais non unanime – incrimine l'élargissement du diagnostic et les facteurs sociaux [1.1, 1.2, 1.3][4]. Une étude récente, rapportée dans la revue *The Lancet* [1.4] en octobre 2010, décrit des « poches » (*clusters*) d'autisme au sein de l'agglomération de Los Angeles, montrant une fréquence quatre fois plus élevée

3. En termes techniques on parle de *prévalence** (nombre total de cas dans la population à une date donnée) ou d'*incidence** (nombre de nouveaux cas constatés durant une année). J'emploie ici le terme courant de fréquence en lui donnant le sens de prévalence.

4. Les chiffres entre crochets [ ] renvoient aux références bibliographiques, regroupées par chapitre à la fin du livre.

dans une zone de quelques kilomètres carrés autour du quartier d'Hollywood, attribuée par les auteurs à la structure sociologique particulière de cette zone qui induirait un surdiagnostic. D'un autre côté, les structures de soin, les associations de parents et les médias, eux, penchent vers l'existence d'une véritable épidémie – et mettent souvent en avant pour l'expliquer des éléments de l'environnement, allant de la vaccination à la pollution par le mercure ou à la présence de gluten dans l'alimentation.

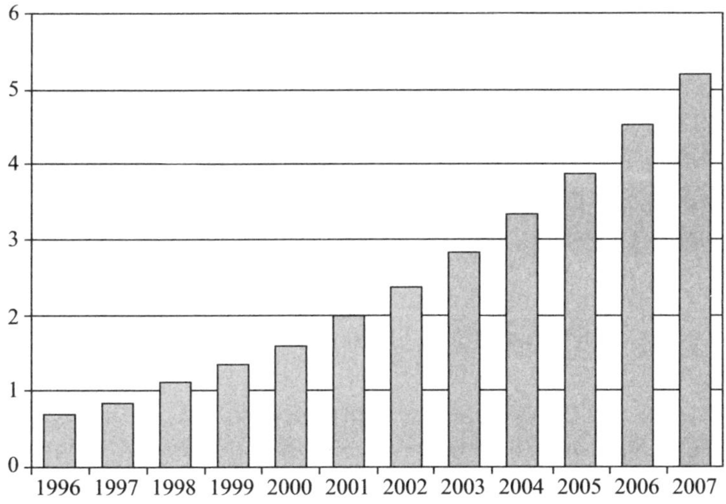

Figure 2. Fréquence (prévalence) de l'autisme aux États-Unis entre 1996 et 2007. On voit qu'en dix ans on passe de 0,5 pour 1 000 à un peu plus de 5 pour 1 000 (1 enfant sur 200) en 2007. Selon certaines études, le chiffre pour 2009 serait de 1 sur 100. Notons qu'il s'agit de la fréquence des TSA (Troubles du spectre autistique), ASD en anglais, définition très large de l'autisme.

Autisme, psychanalyse et physiologie

Pour en revenir à l'annonce d'IntegraGen, cela a-t-il seulement un sens de parler de test génétique dans le cas de l'autisme ? N'est-il pas essentiellement un trouble de la relation mère-enfant, lié aux circonstances de la petite enfance, et aboutissant à ce syndrome de la « forteresse vide » [1.5], naguère décrit de manière si convaincante (et si médiatique) par Bruno Bettelheim ? En réalité, la France est l'une des rares nations dans lesquelles l'autisme est encore souvent considéré comme une psychose infantile, où les thérapies institutionnelles sont en partie d'inspiration psychanalytique, et où est parfois pratiquée une technique de « soin » appelée *packing*, qui consiste à envelopper l'enfant dans des draps humides et glacés afin que le patient puisse « se réapproprier son corps » grâce à « la prise de conscience des limites corporelles » [1.6]... Au niveau mondial, on est aujourd'hui bien loin de la vision des années 1970 qui attribuait le plus souvent cette affection à une mauvaise relation mère-enfant. Il est aujourd'hui démontré que l'autisme a un fondement neurologique, qu'il est associé à des anomalies de développement du système nerveux central, anomalies principalement observées au niveau des synapses, ces connexions entre neurones par lesquelles s'établissent les circuits neuronaux qui sont à la base de tout le fonctionnement de notre cerveau. Les données récemment acquises grâce aux nouvelles techniques d'exploration du cerveau suggèrent fortement que ces anomalies apparaissent au cours du développement fœtal, donc bien avant la naissance.

Les preuves d'une forte composante génétique

Le rôle de l'hérédité dans l'autisme est maintenant établi. Dans les années 1970, le scepticisme était de mise quant à une influence génétique – comme en témoigne encore en 1976 le titre d'un article scientifique : « Les composantes génétiques, si elles existent, de l'autisme infantile et de la schizophrénie » [1.7], – mais celle-ci est aujourd'hui clairement prouvée et généralement acceptée, sauf parfois en France. La démonstration repose principalement sur l'étude de vrais et faux jumeaux, véritable expérience de la nature qui permet de distinguer l'influence de l'hérédité et celle de l'environnement ; les premiers résultats, parus dès 1977, ont été largement confirmés ensuite [1.8, 1.9, 1.10]. Il s'agit en fait de mesurer la « concordance » dans des couples de jumeaux, c'est-à-dire la fréquence avec laquelle le deuxième jumeau est atteint si le premier est diagnostiqué en tant qu'autiste. On sait depuis longtemps qu'il existe une composante familiale pour ce syndrome : si un enfant est affecté, la probabilité pour que l'un de ses frères ou sœurs le soit également est de 10 % environ, alors que la fréquence dans la population est inférieure à 1 %. Mais ce n'est pas probant en ce qui concerne l'hérédité : cela pourrait simplement manifester un environnement familial délétère partagé par les membres de la fratrie. La comparaison réellement éclairante est celle qui confronte vrais et faux jumeaux. Pour les vrais jumeaux, issus d'un embryon unique qui s'est divisé en deux très précocement, et qui ont donc exactement le même jeu de gènes[5], la

5. Pour les puristes, je me dois d'ajouter « à quelques nuances près », car deux jumeaux ne sont pas tout à fait identiques. Reste qu'ils sont beaucoup, beaucoup plus similaires que deux faux jumeaux, c'est l'essentiel pour mon argument.

concordance oscille entre 60 % et 90 % selon les études, elle est donc très forte. Par contre, elle n'est que de 10 % à 20 % pour les faux jumeaux, qui proviennent de la fécondation simultanée de deux ovules par deux spermatozoïdes, et ne sont donc ni plus ni moins apparentés (au sens génétique) que deux membres quelconques de la fratrie. La figure 3 montre une partie des résultats d'une étude publiée en 1985, qui a confirmé la première publication de 1977 : sur les 40 paires de jumeaux étudiés, la concordance est de 96 % pour les vrais jumeaux (22 paires concordantes sur 23) et de 24 % pour les faux (4 sur 17). Ces résultats ont depuis été renforcés, notamment, en 2006, par une investigation de grande ampleur portant sur plusieurs milliers de couples de jumeaux [1.11], même si des données toutes récentes (et encore à confirmer) les modulent dans le sens d'un effet de l'environnement fœtal [1.12, 1.13, 1.14].

Le point important ici n'est pas tant la valeur absolue de la concordance que la différence entre les vrais et faux jumeaux. On peut légitimement considérer que chaque membre d'un couple de jumeaux, qu'ils soient vrais ou faux, a été soumis au même environnement maternel et familial. L'écart que l'on constate pour la concordance doit alors, pour l'essentiel, être attribué au fait que les vrais jumeaux portent des gènes identiques : si seul l'environnement intervenait, les faux jumeaux devraient être aussi concordants que les vrais. Si l'on voulait traduire cela par un chiffre, on pourrait dire que l'influence génétique rend compte d'au moins la moitié (50 %) du risque d'autisme. Attention : cela ne signifie pas que le vrai jumeau était forcément *destiné* à être (ou devenir) autiste, comme son frère. La concordance élevée indique seulement que s'il est placé dans les mêmes conditions que son jumeau, il a de fortes chances d'évoluer de la même manière.

En d'autres termes, cette forte influence génétique n'élimine pas totalement le rôle de l'environnement, et, placé dans un autre milieu, le même enfant pourrait avoir un risque plus faible d'évolution néfaste. Là aussi, on dispose en principe d'une expérience de la nature, celle des vrais jumeaux séparés à la naissance et élevés dans des familles différentes... mais ces cas sont très rares, parfois sujets à caution (séparation incomplète, ou familles très similaires), et les données statistiques sont trop limitées pour en tirer des conclusions solides.

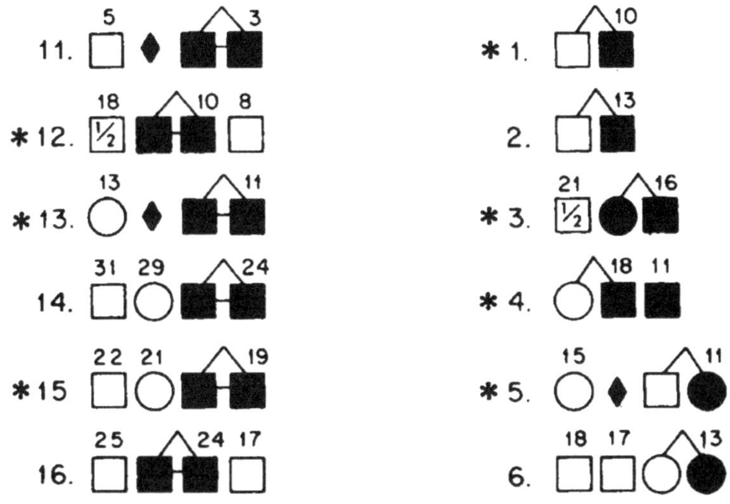

Figure 3. Quelques couples de vrais et faux jumeaux (extrait partiel de la figure 1 de l'article de Ritvo et coll., en 1985, l'une des premières études confirmant la concordance entre vrais jumeaux [1.9]). Les carrés correspondent à des garçons, les ronds à des filles, les losanges à des grossesses non menées à terme. Les vrais jumeaux (à gauche) sont reliés par un trait horizontal. L'étude porte au total sur 40 paires de jumeaux, 22 vrais jumeaux sur 23 sont concordants alors que seulement 4 sur 17 des faux jumeaux le sont.

De la génétique à la compréhension et au traitement ?

Quoi qu'il en soit, le rôle des gènes dans l'autisme (dans le risque d'autisme, pour être plus précis) ne fait aujourd'hui plus de doute. On peut donc espérer que les chercheurs parviennent, comme pour d'autres affections héréditaires, myopathie ou mucoviscidose par exemple, à identifier le ou les gènes qui, lorsqu'ils sont défectueux, causent cette affection. À partir de ces avancées, on pourrait alors mieux comprendre cette maladie, prévoir son apparition à l'aide de diagnostics précis et, pourquoi pas, découvrir des traitements efficaces. Malheureusement, la réalité est tout autre : l'autisme, comme nombre d'affections organiques (hypertension, maladie de Crohn, diabète de type 2) ou psychiatriques (psychose maniaco-dépressive, schizophrénie), résiste depuis de nombreuses années, et pour des raisons fondamentales, au schéma qui a si bien réussi pour d'autres maladies génétiques. Nous allons donc faire un point sur les vicissitudes de ces recherches avant de revenir à l'autisme et au test qu'annonce IntegraGen.

2
Génétique et psychiatrie, le couple infernal

La génétique médicale, qui se consacre à l'élucidation des causes des maladies héréditaires, a fait d'immenses progrès au cours des deux ou trois dernières décennies. Elle a réussi, dans de nombreux cas, à identifier le gène qui, lorsqu'il est défectueux, provoque l'apparition d'une telle affection. Cela a permis de mieux comprendre l'étiologie* de ces maladies et leur mécanisme, et a rendu possible le développement du diagnostic prénatal ou préimplantatoire, permettant ainsi d'éviter la naissance d'enfants très gravement atteints. Dans quelques cas, on a pu aboutir à la mise au point de thérapies efficaces – même si la thérapie génique, dont on attendait beaucoup, s'est jusqu'ici révélée très difficile à mettre en œuvre.

Les triomphes de la nouvelle génétique humaine

Au début des années 1970, les gènes, jusque-là entités abstraites et pratiquement impossibles à étudier, sont brusquement devenus accessibles à l'expérimentation. Grâce aux techniques du génie génétique*, qui ont donné un nouvel élan à la biologie moléculaire, on a pu découper un ADN* complexe en des milliers de petits fragments, transférer ces derniers dans des bactéries, puis multiplier une bactérie donnée pour obtenir en quantité mesurable le fragment qu'elle contient (ce qu'on a appelé à l'époque « cloner un gène », et qui n'a rien à voir avec le clonage de Dolly). Dès lors, il devenait possible d'étudier en détail chacun de ces gènes et même de déterminer la suite exacte, la séquence* des bases* T, A, G, C qui les constituent. Malgré sa complexité (trois milliards de bases, au lieu de quelques millions pour les bactéries), l'ADN humain, dont l'ensemble constitue notre génome*, n'est pas resté à l'écart de cette révolution : l'étude des maladies héréditaires a changé de nature et de vitesse, parallèlement aux avancées dans la connaissance de notre patrimoine génétique. Pour une affection organique dont le caractère héréditaire était clairement établi, comme la myopathie dite de Duchenne, il devenait possible – certes au prix de travaux ardus – de remonter jusqu'au gène en cause, celui dont l'altération entraîne la maladie. Sans rentrer dans les détails d'un procédé complexe, laborieux et qui occupait alors une équipe de recherche durant plusieurs années, l'étude d'une telle affection passait par deux étapes principales. Tout d'abord, la localisation, une investigation génétique menée sur des familles de malades et aboutissant à situer approximativement la région chromosomique dans laquelle devait se trouver le gène en cause : dans le cas cité, la bande p21 sur le chromosome* X[6]. En deuxième lieu venait

6. Nos chromosomes sont numérotés de 1 à 22 (du plus grand au plus petit). Nous avons deux exemplaires de chacun d'eux, provenant respectivement de notre père et de notre mère, collectivement appelés « autosomes », plus deux « chromosomes sexuels », deux X chez la femme, un X et un Y (ce dernier provenant du père) chez les hommes. Ils sont conventionnellement divisés en quelques dizaines de régions, « p » indiquant le bras court et « q » le bras long de chaque chromosome.

alors l'identification proprement dite, l'isolement effectif de ce gène. Ces deux étapes mettaient en jeu des approches bien différentes. La localisation reposait sur une analyse statistique de la cotransmission* de la maladie avec des marqueurs génétiques dont l'ensemble formait la carte génétique* humaine, alors très imparfaite. Cette étape aléatoire et aux résultats souvent remis en question par la suite, n'en était pas moins indispensable pour définir la zone à étudier en détail afin d'y trouver le gène recherché. L'identification supposait, elle, une étude moléculaire minutieuse des dizaines ou centaines de gènes présents dans l'intervalle précédemment désigné, afin de repérer lequel était systématiquement altéré chez les malades – et donc vraisemblablement responsable de l'affection. Ce travail était, lui aussi, long et laborieux, mais ses conclusions étaient plus solides et quasiment toujours confirmées par les travaux ultérieurs.

Ce procédé, baptisé « génétique inverse » ou, plus tard, « clonage positionnel », a permis la découverte des gènes impliqués dans de nombreuses maladies héréditaires. Je citerai, outre la myopathie de Duchenne, plusieurs autres myopathies d'origine génétique, ainsi que la mucoviscidose, maladie grave et relativement fréquente qui entraîne notamment un blocage pulmonaire, le rétinoblastome, un cancer héréditaire de la rétine, la chorée de Huntington, une cruelle affection neurologique qui apparaît à l'âge adulte, ou encore le syndrome de Werner, une forme de vieillissement précoce... À ce jour, la liste des affections héréditaires pour lesquelles le gène en cause a été identifié comporte plus de trois mille items ; la plupart d'entre elles sont heureusement très rares. Elles ont en commun d'être mendéliennes* (ou monogéniques), c'est-à-dire que la transmission observée dans les familles obéit clairement aux lois de Mendel, indiquant que la maladie est directement liée au défaut d'un seul gène, toujours le même. La figure 4 schématise les trois types de transmission possibles selon que l'effet du gène est dominant* ou récessif* et qu'il est porté par un autosome* (désignation collective des chromosomes 1 à 22), ou par le chromosome X. Pour d'autres affections, diabète, hypertension, Alzheimer, l'influence génétique existe, mais plusieurs gènes différents sont en cause. L'impact de chacun d'eux est faible et, de plus, l'environnement joue lui aussi un grand rôle. De ce fait, l'étude génétique est beaucoup plus difficile ; elle n'a progressé que très récemment pour certains types de diabète, ou pour les formes précoces de la maladie d'Alzheimer. Les premières décennies de la nouvelle génétique médicale ont donc été dominées par l'analyse d'affections mendéliennes, ce qui a conduit à généraliser abusivement ce modèle simple, et parfois à l'appliquer hors de son contexte, comme si toutes les maladies à influence génétique étaient mendéliennes.

Les trois schémas d'hérédité d'une maladie génétique mendélienne (D'après la National Library of Medecine). Dans les schémas, le carré blanc représente un gène défectueux, les individus affectés sont figurés en gris clair et les porteurs sont mi-clair, mi-foncé.

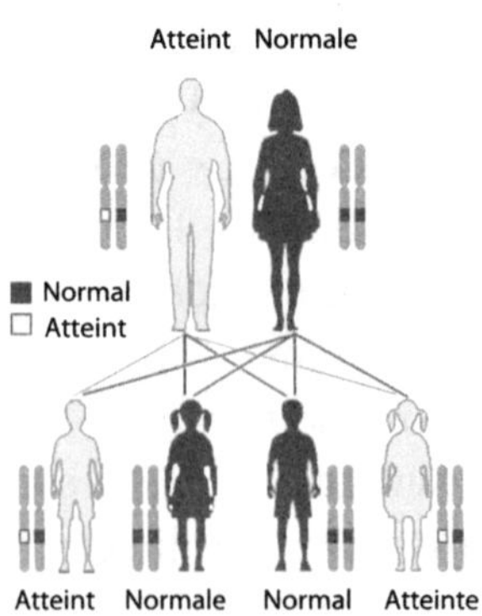

Figure 4a. **Autosomique dominante** : un seul gène défectueux suffit à provoquer la maladie, un enfant sur deux en moyenne (quel que soit son sexe) est atteint. C'est le cas de la chorée de Huntington.

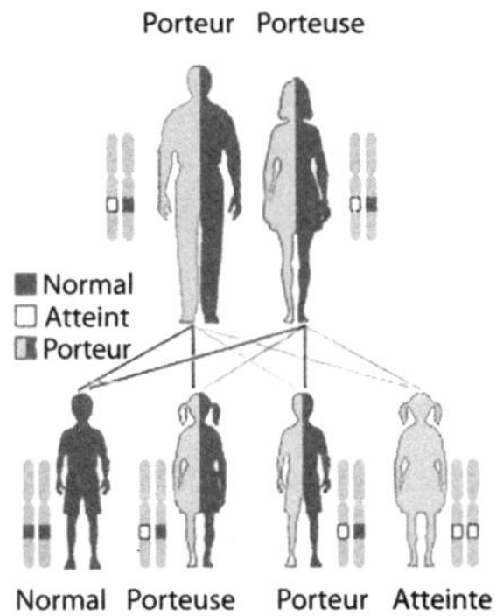

Figure 4b. **Autosomique récessive** : il faut deux gènes défectueux pour que la maladie se manifeste. Les deux parents sont porteurs mais indemnes ; selon les chromosomes hérités, les enfants (quel que soit leur sexe) peuvent être soit normaux (deux gènes normaux), soit porteurs (un normal, un défectueux), soit affectés (deux gènes défectueux), 1 enfant sur 4 en moyenne. C'est le cas de la mucoviscidose.

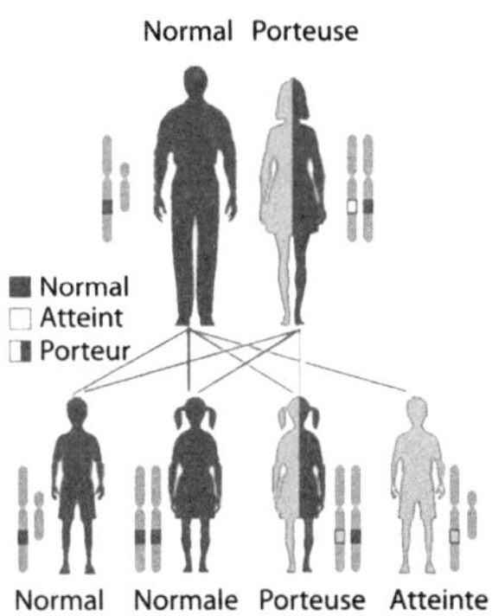

Figure 4c. **Récessive liée à l'X** : le gène défectueux est porté par l'un des chromosomes X de la mère (qui est indemne grâce au gène normal présent sur son autre chromosome X). Selon le chromosome X dont elles héritent de leur mère, les filles peuvent être normales ou porteuses, quant aux garçons ils sont soit normaux soit atteints (1 garçon sur 2 en moyenne). C'est le cas de la myopathie de Duchenne.

L'exemple de la chorée de Huntington

La chorée de Huntington (on dit aujourd'hui « maladie de Huntington ») a été un succès éclatant de la génétique inverse. C'est une gravissime atteinte neurologique (la « danse de saint Guy » de nos ancêtres), qui débute autour de la quarantaine par des mouvements incontrôlés puis évolue en quelques années vers la démence et la mort. Sa transmission des parents aux enfants obéit au schéma « autosomique dominant » (*figure 4a*) : *autosomique* parce que la transmission n'est pas liée au sexe, ce qui élimine l'implication des chromosomes sexuels X et Y et indique que le gène en cause doit être présent sur un autosome. *Dominant* car la moitié (en moyenne) des enfants d'un couple dont un membre est atteint vont à leur tour développer la maladie. Cela indique qu'il suffit d'un seul exemplaire du gène défectueux pour causer l'affection, au contraire de maladies « autosomiques récessives » comme la mucoviscidose, qui apparaît chez un quart (en moyenne) des enfants de deux parents porteurs mais indemnes (*figure 4b*). La localisation du gène en cause dans la chorée de Huntington, réalisée dès 1983, fut une des premières victoires des généticiens moléculaires ; son isolement effectif devait prendre dix ans de travail acharné mais aboutit, en 1993, à l'identification précise du défaut génétique et, aujourd'hui, à un début de compréhension du mécanisme responsable de la dégénérescence nerveuse qui caractérise cette affection. La chorée de Huntington obéit en tout point au schéma d'une maladie mendélienne : le gène en cause, situé à l'extrémité du chromosome 4, est le même chez tous les malades ; l'altération observée, qui consiste en la répétition d'un motif de trois bases, CAG, dans l'ADN au début du gène, détermine l'apparition de la maladie qui est d'autant plus précoce que cette répétition est plus longue. Il y a donc là un déterminisme génétique absolu : toute personne porteuse de cette altération subira cette atroce maladie, et tout enfant d'un couple dont l'un des partenaires est atteint court un risque de 50 % de l'être lui aussi. Cette terrible incertitude peut être levée par une simple analyse d'ADN – dont on devine aisément qu'elle pose de graves problèmes éthiques.

Ruée sur les maladies psychiatriques

L'éclatante réussite enregistrée pour cette affection neurologique devait durablement impressionner les esprits et susciter, dès le début des années 1980, une multitude d'études ciblées sur les maladies psychiatriques. En effet, et comme pour l'autisme, des indications solides montrent que l'hérédité joue un rôle important dans la schizophrénie ou la psychose maniaco-dépressive. Elles proviennent d'études sur des groupes particuliers (comme la population Amish en Pennsylvanie qui descend d'un très petit groupe de fondateurs au XVIIIe siècle), ou de statistiques portant sur des couples de vrais et faux jumeaux : pour la psychose maniaco-dépressive, la concordance entre vrais jumeaux est d'environ 50 %, c'est-à-dire que le jumeau d'un malade est atteint lui aussi une fois sur deux, alors que s'il s'agit de faux jumeaux, ce chiffre n'est que de 10 %, proche de celui qu'on observe pour des membres quelconques d'une même fratrie. Certaines de ces études, par le passé, étaient contestables ou même franchement frauduleuses, mais les travaux récents, plus rigoureux, confirment la réalité d'une influence génétique, laquelle se combine, bien sûr, avec les effets de l'histoire personnelle et de l'environnement.

Un échec retentissant

La psychose maniaco-dépressive, que l'on appelle plutôt aujourd'hui « trouble bipolaire », est caractérisée par la fluctuation anormale de l'humeur, qui oscille entre des phases d'excitation marquée (manie) et de mélancolie profonde (dépression), entrecoupées de périodes de stabilité. Identifiée de longue date et déjà décrite dans l'Antiquité, sa cause est inconnue et les moyens thérapeutiques (essentiellement médicamenteux) assez limités. À partir du moment où une composante héréditaire était clairement démontrée, l'approche génétique devenait tentante, et l'on pouvait espérer renouveler le succès enregistré pour la chorée de Huntington. Les travaux furent donc engagés avec les outils déjà classiques de la génétique inverse, et l'analyse de familles comportant un nombre élevé de personnes atteintes fut effectuée afin de localiser un éventuel gène de vulnérabilité – localisation qui serait le prélude à son identification effective. Mais il devait rapidement s'avérer que les résultats obtenus par différents groupes de chercheurs étaient contradictoires, alors même qu'ils avaient fait l'objet de publications dans les meilleures revues scientifiques. Ils concluaient en effet à la présence du gène recherché tantôt sur le chromosome X, tantôt sur le 11, le 5, le 21, le 12, le 18... Même lorsqu'un chromosome identique était désigné par des études indépendantes, les régions ne coïncidaient pas (*figure 5*).

Localisations chromosomiques repérées par analyse de liaison pour les gènes de la psychose maniaco-dépressive

Location	Lod Score	Year
Xq28	—	1969
	13,4	1972-80
	2,1	1977
	1,5	1984
	7,5	1987
11p15	4,9	1987
Xq27	3,1	1987
	3,9	1992
	2,2	1993
Xq24-26	3,6	1995
5q35	1,4	1993
21q22	3,4	1994
12q23	2,1	1994
18p	—	1994
18q	1,7–3,1	1995
16p13	2,7	1995
18q	—	1996
4p16	4,8	1996
6p24, 13q13, 15q11	2,5, 1,4, 1,1	1996

Figure 5. Résumé des différentes localisations annoncées pour le(s) gène(s) de la psychose maniaco-dépressive.

État des lieux en 1996 ; les régions chromosomiques annoncées sont indiquées dans la colonne de gauche (p = bras court, q = bras long), le *lod score* donne la validité statistique du résultat (en principe un *lod score* égal ou supérieur à 3 est très probant), la date de publication est donnée dans la dernière colonne. On voit que malgré des *lod score* très convaincants, les résultats paraissent contradictoires. Extrait adapté de la mise au point « A manic-depressive history » parue dans la revue *Nature Genetics* en 1996 [2.4].

Il est d'ailleurs significatif d'observer le changement de ton dans les articles scientifiques au fil des années : de l'affirmation sans ambages en 1987, avec « Une liaison génétique entre des marqueurs du chromosome X et la psychose maniaco-dépressive », on arrive, en 1994, à une hypothèse prudente : « Un possible locus* de vulnérabilité dans la bande q22.3 du chromosome 21 » [2.1, 2.2, 2.3].

La fragilité des localisations

Il faut souligner qu'il ne s'agissait dans tous les cas que de localisations, c'est-à-dire d'études génétiques sur des familles aboutissant à désigner les régions du génome dans lesquelles devaient se trouver des gènes impliqués dans l'affection. Ce n'était donc que la première étape du clonage positionnel, étape dont nous avons déjà souligné la fragilité. Fragilité liée en partie au faible effectif des familles étudiées, et au maillage trop approximatif du génome à l'époque : la localisation s'appuie nécessairement sur une carte préexistante du génome humain, or celle-ci était encore très imparfaite. Rétrospectivement, il est clair que beaucoup de ces travaux avaient été menés avec des méthodes statistiques inappropriées et une rigueur insuffisante. En témoigne le fait que des études effectuées par diverses équipes sur les mêmes familles aient parfois pointé des localisations différentes... Outre ces imperfections, les recherches sur ce type de maladie souffrent d'une incertitude grave, celle du diagnostic : toute analyse génétique suppose une séparation claire entre personnes indemnes et affectées. Ce distinguo est possible et objectif lorsqu'il s'agit de myopathie ou de mucoviscidose : symptômes bien codifiés, paramètres biologiques mesurables, évolution suivant un schéma connu. Pour la psychose maniaco-dépressive, les critères sont plus flous, et les désaccords entre cliniciens fréquents. De plus, la situation évolue dans le temps. Un ou deux individus considérés comme indemnes, et répertoriés comme tels dans l'analyse, peuvent jouer un rôle crucial dans son interprétation. Si, trois ans plus tard, l'un d'eux rejoint la catégorie des malades, les conclusions précédemment acquises sont remises en question. Toutes ces difficultés devaient susciter un certain désenchantement, qui se retrouve dans les titres des articles de synthèse consacrés à ce thème au cours de la seconde moitié des années 1990, après près de vingt ans de travaux : « Une histoire maniaco-dépressive » pour les études sur la psychose du même nom [2.4], ou encore (car la situation est analogue) « L'affolante chasse aux gènes de la folie » [2.5] pour la schizophrénie. La seule conclusion solide que l'on pouvait en tirer, c'est qu'il n'existe pas de gène « majeur » dont la version défectueuse aurait un effet important sur le risque de trouble bipolaire ou de schizophrénie, et que l'indéniable composante génétique de ces affections doit être la conséquence de multiples gènes de susceptibilité dont l'effet individuel est faible, et qui sont donc difficiles à mettre en évidence.

Des travaux pourtant nécessaires…

Devant ces échecs retentissants, on a pu s'interroger sur la justification de ces recherches. Clarifions-en d'abord l'objectif : le gène identifié en cas de succès ne serait pas

« le gène de la psychose maniaco-dépressive ». Une étude couronnée de succès, ayant franchi l'étape de la localisation mais aussi celle de l'identification, désignerait un gène, présent chez chacun d'entre nous, dont certaines variantes, certains allèles*[7] confèrent à leur porteur une vulnérabilité accrue à la psychose, un risque relatif* de 10, par exemple. Ce chiffre, mesure de la susceptibilité, indiquerait que si le risque de connaître un épisode maniaco-dépressif au cours de la vie est de 1 % pour l'ensemble de la population, il s'élève à 10 % pour les porteurs de l'allèle en cause – dont la majorité (90 %) restera néanmoins indemne.

Une telle avancée peut sembler modeste – elle aurait pourtant des retombées notables. Pour commencer, la mise en évidence d'une liaison convaincante, et plus encore l'identification d'un gène systématiquement muté chez les personnes atteintes, confirmeraient le rôle de l'hérédité dans cette maladie. Sans éliminer l'impact de l'environnement ou de l'histoire personnelle, cela couperait court à certaines dérives, parfois désastreuses pour les malades ou leurs familles, de cette antipsychiatrie des années 1970 dont l'influence n'a pas totalement disparu. De plus, la nature du gène pourrait éclairer l'étiologie de la maladie. Supposons que son déchiffrage, l'analyse de la protéine dont il dirige la synthèse, et l'étude de la fonction de cette dernière montrent qu'il s'agit d'une enzyme agissant sur la synthèse de la dopamine (un neurotransmetteur impliqué dans de nom-

7. Nous avons tous les mêmes gènes, disposés de la même manière sur nos chromosomes… mais nous pouvons porter des « versions » légèrement différentes de certains gènes. Ce sont ces différentes versions d'un gène donné que l'on appelle allèles. Ils diffèrent les uns des autres par une ou plusieurs bases dans l'ADN du gène considéré (voir glossaire).

breux circuits neuronaux) dans une région spécifique du cerveau. L'analyse des variants du gène associés à la psychose (ou plutôt à une vulnérabilité accrue à la psychose) indiquerait, par exemple, que le gène variant comporte une modification rendant l'enzyme plus active – donc provoque une surproduction de dopamine dans la zone en question. Les retombées seraient alors considérables. Nous aurions appris qu'un excès de dopamine dans un certain territoire cérébral est associé à une vulnérabilité accrue à l'affection, qu'il en est peut-être même la cause. Ce serait là le point de départ de nombreuses recherches. Tous les malades présentent-ils une concentration élevée de cette hormone ? Varie-t-elle dans le temps chez un même individu, et y a-t-il une corrélation avec les crises ? Quelles sont, chez l'animal, les conséquences de cette élévation sur un ensemble de paramètres anatomiques et neurologiques ? Le scalpel de la génétique aurait ainsi ouvert une voie vers la compréhension des mécanismes biologiques qui sous-tendent la susceptibilité, et améliore la connaissance de cette maladie mystérieuse. Et le seul fait d'avoir mis en évidence l'implication de la dopamine pourrait suggérer des approches thérapeutiques nouvelles : il ne s'agit donc pas d'une curiosité gratuite, mais d'investigations dont les retombées potentielles sont importantes, et dont les justifications intellectuelles et médicales sont sérieuses. Reste que le bilan des travaux menés dans les années 1980 et 1990 a été très mince, avec des résultats flous et contradictoires, et que ce secteur avait visiblement besoin d'une révolution technique et/ou conceptuelle pour espérer aboutir à des conclusions plus solides.

L'étude génétique de l'autisme, dont nous reprendrons plus tard les étapes, a connu elle aussi un parcours chaotique, tout comme celle de la psychose maniaco-dépressive ou de la schizophrénie. Ayant cerné les limites de cette approche, nous sommes maintenant en mesure de reprendre le fil de notre histoire et d'examiner les résultats qui soustendent l'annonce par IntegraGen d'un « test de diagnostic de l'autisme ».

3

Jugeons sur pièces !

Le site d'IntegraGen confirme

Il est temps d'examiner ce que revendique exactement IntegraGen : la première chose, bien sûr, est d'aller voir le site internet de l'entreprise. C'est ce que je m'empresse de faire, ce 22 juillet 2005. J'y trouve, effectivement, un communiqué de presse en date du 19 juillet indiquant que « des scientifiques travaillant à IntegraGen SA ont montré que des variations du gène *PRKCB1*... sont fortement associées à l'autisme », et, plus loin, que « IntegraGen compte utiliser ces connaissances pour mettre au point un test génétique du risque d'autisme... dont le lancement est espéré en 2006 ». Ce communiqué de presse est diffusé à l'occasion de la publication d'un article scientifique, dont je parlerai un peu plus loin. En poursuivant mes investigations sur le site je trouve, dans la partie en anglais destinée aux investisseurs (*figure 6*), des affirmations plus catégoriques : « IntegraGen finalise la dernière étape du développement du premier test génétique de l'autisme [...]. Ce test permettra l'identification d'individus à un âge très précoce [...]. Le test sera lancé aux États-Unis début 2006, suivi par un lancement en Europe plus tard dans l'année. » Le plan annoncé est donc précis et l'échéance très proche, moins d'un an. Plus loin, il est précisé que le test portera sur quatre gènes (le gène *PRKCB1* et trois autres dont le nom n'est pas indiqué) et qu'au départ il sera prévu pour tester les frères et sœurs d'enfants déjà diagnostiqués comme autistes, avec un élargissement par la suite à tout enfant présentant des signes évoquant l'autisme.

Autism Test

Integragen is finalizing the last stage of clinical development of the world's first genetic test for autism developed through its unique GenomeHIP™ technology. This test will allow the identification of individuals at a very early age who could then enter into programs which greatly improve their condition. The test will be launched in the US in early 2006 followed by a similar launch in the EU later that year. Initially the test will be aimed at providing assessment of children already diagnosed as autistic and their siblings. Further development of the test will allow testing of any child showing early symptoms of autism or where there is a family history of autism.

Background

Integragen has applied its advanced GenomeHIP™ technology to identify linkage loci within a sample of family pairs diagnosed with Autism. The loci were then analysed to identify genes associated with the disease and these results were replicated in a larger population. Patents have been filed on the use of these genes to diagnose and potentially treat autism and activities are nearing completion to employ the first set of these genes as a genetic test.

Figure 6. Annonce par IntegraGen de son test génétique (reproduction du site de l'entreprise, consulté le 22 juillet 2005)
Noter, dans le premier paragraphe, « Ce test permettra l'identification d'individus à un âge très précoce... » et « Le test sera lancé aux États-Unis début 2006, suivi par un lancement en Europe plus tard dans l'année ». L'objectif initial du test est ensuite limité à la fratrie d'enfants atteints, mais avec la perspective d'un élargissement ultérieur à « tout enfant montrant des symptômes précoces d'autisme ».

Home test... ou *home brew* ?

IntegraGen annonce donc bel et bien le lancement d'un test génétique de l'autisme, et cela va à l'encontre de tout ce que je croyais savoir sur les résultats très aléatoires des études génétiques menées jusqu'ici. Les chercheurs de l'entreprise ont-ils réussi une avancée significative, à l'aide des techniques particulières qui sont leur spécialité ? J'espère que l'analyse de l'article scientifique m'éclairera sur ce point. En tout cas, il n'est nulle part question du *home test* mentionné dans l'article du *Monde*. À la réflexion d'ailleurs, une telle modalité ne semble pas envisageable. Les tests génétiques reposent sur l'examen de l'ADN afin de déterminer sous quelle forme est présent un gène donné, c'est-à-dire, en dernière analyse, si en un point précis de notre immense génome (trois milliards de bases) l'on trouve, par exemple, un G (auquel cas il s'agirait du gène normal) ou un A (ce serait alors l'allèle pathogène). Comme on l'imagine, pour obtenir une telle information, cibler cette minuscule aiguille dans une immense meule de foin, il faut employer des techniques de laboratoire extrêmement rigoureuses qui font appel à un appareillage spécialisé, à un personnel qualifié et à des procédures parfaitement codifiées. Cela n'a rien à voir avec un test de grossesse pour lequel il suffit de tremper une bandelette dans l'urine et d'observer, au bout d'une ou deux minutes, si l'on y distingue une ou deux bandes (on détecte alors la présence d'une hormone excrétée uniquement par les femmes enceintes). Le *home test*, en la matière, paraît donc exclu. Je comprendrai un peu plus tard qu'il y a eu confusion entre *home test* et *home brew*, une expression très employée dans le monde de l'industrie du diagnostic, mais dont la signification n'est pas évidente pour le commun des mortels. *Home brew*, cela désigne en fait les tests (génétiques ou autres) qui sont effectués par l'entreprise même qui les a mis au point, dans ses propres laboratoires (qui doivent évidemment être accrédités), sur des échantillons (de sang, de salive), ou sur des biopsies qui lui ont été envoyées par les médecins, les hôpitaux ou éventuellement les particuliers[8]. Aux États-Unis, un test *home brew* ne nécessite pas l'approbation explicite de la redoutable Food and Drug Administration (FDA), contrairement à ceux qui sont commercialisés sous forme de kits à utiliser par les laboratoires d'analyse hospitaliers ou privés, et qui font l'objet d'une procédure d'agrément longue et exigeante. Un industriel a donc tout intérêt, pour prendre rapidement position sur un marché, à commercialiser son test en *home brew* (l'appellation officielle est Laboratory-developed test). Bref, dans le dialogue entre Jean-Yves Nau et les responsables d'IntegraGen, avant la parution de l'article du *Monde*, il a été question de *home brew* et cela s'est transformé en *home test*, test en libre-service, modalité qui exacerberait tous les problèmes que peut poser ce diagnostic génétique de l'autisme. Fausse alerte donc sur ce point, mais cela ne règle pas tout.

8. La demande de tests génétiques par des particuliers était à l'époque inhabituelle, sauf peut-être pour des tests de paternité dans certains pays comme les États-Unis. Elle s'est depuis largement développée et a aujourd'hui sa propre désignation, test DTC pour *Direct to consumer*. J'y reviendrai plus tard.

Explication de texte

Il est donc temps de me procurer l'article scientifique, fondement sur lequel repose en principe toute cette affaire. Article scientifique : il s'agit bien d'une « vraie » publication, parue dans une « revue à comité de lecture » ayant pignon sur rue. Deux mots pour préciser ce dont il s'agit : la « production » principale des chercheurs est constituée par leurs publications, les articles décrivant les expériences qu'ils ont menées et les conclusions qu'ils en tirent sur sur telle ou telle question scientifique. Pour être valable, une publication doit être acceptée dans une revue, et pour cela obtenir l'agrément des experts (*referees* en anglais) auxquels est soumis le manuscrit. Ces arbitres bénévoles épluchent l'article, jugent de l'intérêt des conclusions, examinent si elles découlent bien des expériences rapportées, passent en revue figures et tableaux… et, le plus souvent, refusent l'article ou, au minimum, exigent des données complémentaires ou des changements dans le texte. Bien entendu, plus la revue est « cotée », plus l'article est difficile à faire passer : les meilleures, *Science, Nature, Cell…* refusent plus de 90 % des manuscrits qui leur sont soumis. Il existe des milliers de revues scientifiques en biologie, des meilleures aux plus mauvaises ; leur classement est fondé en grande partie sur l'indice des citations, qui répertorie le nombre de fois où un article publié est cité par d'autres parus ultérieurement. En effet, si un article est souvent mentionné dans les publications ultérieures, on peut penser que les données qu'il rapportait, les mécanismes qu'il proposait ont été utiles pour les avancées suivantes de la recherche : on dit qu'il a eu un « facteur d'impact » élevé. Naturellement, comme tout critère statistique, celui-ci a des défauts et peut donner lieu à des aberrations, mais il reste assez solide et est largement employé. Pour fixer les idées, les meilleures revues ont un indice de citations moyen de 30 ou 40, les plus mauvaises sont en dessous de 1, ce qui signifie sans doute que beaucoup des articles qui y paraissent ne sont lus par personne ! Dans le cas présent la revue s'appelle *Molecular Psychiatry,* son facteur d'impact est de 10, c'est donc plutôt une « bonne revue », et elle fait partie de celles auxquelles j'ai accès par Internet à partir de mon laboratoire : je peux donc télécharger l'article.

Premières impressions : c'est un *full paper*, un grand « papier » (12 pages) et non une de ces courtes « lettres à l'éditeur » dans lesquelles on publie, au plus vite, des résultats préliminaires [3.1]. Les 16 auteurs appartiennent tous à IntegraGen, il ne s'agit donc pas d'un travail réalisé en collaboration avec un laboratoire universitaire, mais d'une recherche menée en interne. Et le manuscrit, soumis début mars 2005, a dû faire l'objet de quelques critiques puisqu'une version révisée, reçue le 17 mai, a été acceptée le 24 mai et publiée le 19 juillet. Tout cela est plutôt de bon augure – il est maintenant rare qu'un article soit accepté du premier coup, mais le peu d'intervalle entre les deux versions suggère que les modifications demandées étaient mineures, alors que bien des articles mettent parfois plus d'un an à être finalement acceptés, après moult tractations et versions successives. Rien de tel ici. Le titre est sans emphase, comme il sied à un « papier » sérieux : « Des haplotypes*[9] dans le gène codant pour la protéine kinase c-beta (*PRKCB1*) sur le chromosome 16 sont associés avec l'autisme[10] ». Je ne vais pas,

9. On appelle haplotype* un ensemble de points variables à l'intérieur d'un gène ou d'une région d'ADN, voir chapitre 8 et glossaire.

10. Article disponible sur Internet le 19 juillet 2005, [3.1].

bien sûr, analyser ici le contenu en détail, c'est affaire de spécialistes. Mais, en résumé, on y lit que les auteurs ont travaillé sur les ADN d'une série de 116 familles (la banque d'ADN Autism Genetic Resource Exchange, constituée par Cure Autism Now, une association de parents très active aux États-Unis). Ils ont utilisé des critères diagnostiques assez stricts (notamment un retard de langage au-delà de l'âge de 36 mois) et recherché les régions identiques entre deux enfants atteints (de la même famille) à l'aide de leur technique « maison »[11]. Sept zones, sur sept chromosomes différents, ont été ainsi désignées, quatre d'entre elles ayant déjà été repérées dans des travaux précédemment publiés. La plus significative, du point de vue des résultats, se situe sur le chromosome 16 ; la suite des travaux permet de cibler le gène *PRKCB1*, présent dans cette zone et dont on sait qu'il est exprimé dans le cerveau. Le résultat serait très convaincant si ce gène était altéré chez les enfants autistes, mais l'analyse est négative de ce point de vue : la séquence codante (celle qui est utilisée pour synthétiser la protéine correspondante) n'est pas modifiée chez les patients. Peut-être y a-t-il dans l'ADN des altérations plus subtiles qui modifient la régulation du gène, la manière dont il est mis en œuvre, notamment au cours du développement embryonnaire – mais les auteurs n'ont rien repéré de tel. En somme, et pour reprendre les étapes décrites au chapitre précédent, les chercheurs d'IntegraGen ont repéré une région du génome qui semble contenir un ou des gènes impliqués dans la vulnérabilité à l'autisme, et y ont identifié – mais d'une manière qui n'est pas totalement probante – un gène particulier. Leur conclusion est, logiquement, fort prudente (*figure 7*) : « Nos

11. Sommairement décrite au chapitre 7, p. 101.

données suggèrent que le gène *PRKCB1* pourrait être impliqué dans l'étiologie de l'autisme. » Nous voici assez loin d'un test commercialisable sous six mois...

Molecular Psychiatry (2005) 10, 950–960
© 2005 Nature Publishing Group All rights reserved 1359-4184/05 $30.00
www.nature.com/mp

ORIGINAL RESEARCH ARTICLE

Haplotypes in the gene encoding protein kinase c-beta (PRKCB1) on chromosome 16 are associated with autism

A Philippi, E Roschmann, F Tores, P Lindenbaum, A Benajou, L Germain-Leclerc, C Marcaillou, K Fontaine, M Vanpeene, S Roy, S Maillard, V Decaulne, JP Saraiva, P Brooks, F Rousseau and J Hager

IntegraGen SA, Genopole, Evry, France

Our association results show that haplotypes within the gene are strongly associated with autism and we were able to replicate a particular haplotype association in a second independent set of Caucasian families. Our data suggest that the PRKCB1 gene may be involved in the etiology of autism.

Figure 7. Titre, et conclusion finale (en gras) de l'article scientifique d'IntegraGen [3.1].
Traduction intégrale : « Nos données d'association montrent que des haplotypes* à l'intérieur du gène sont fortement associés avec l'autisme ; nous avons pu confirmer une association particulière dans un deuxième jeu indépendant de familles caucasiennes (*d'origine européenne, NdT*). Nos données suggèrent que le gène *PRKCB1* pourrait être impliqué dans l'étiologie de l'autisme. »

D'autres affirmations

La lecture de l'article nous a laissé sur une impression mitigée. Restent les éléments rapportés sur le site de l'entreprise et censés faire la synthèse des résultats (non encore publiés) sur lesquels est fondé le futur test. Cette fois, il s'agit d'affirmations qui ne sont pas justifiées par un exposé détaillé ou par des données précises, et qui n'ont pas été soumises au jugement des pairs lors d'une publication. Prenons-les néanmoins, pour le moment, au pied de la lettre. C'est, une fois encore, dans la partie du site internet destiné aux investisseurs que l'on trouve les informations les plus précises. Il y est dit que le test sera fondé sur l'étude de quatre gènes, plusieurs positions étant analysées dans chacun d'eux. L'ADN sera obtenu par frottis buccal de l'enfant à tester (frère ou sœur d'un autiste diagnostiqué) ainsi que des parents et de l'enfant atteint, afin de fournir les références nécessaires. Son analyse permettra d'évaluer le risque de développer un syndrome autistique. Les performances attendues du test sont chiffrées : pour les individus présentant le risque génétique maximum d'après le test, c'est-à-dire ceux qui seront « positifs » pour les quatre gènes, le risque relatif serait de 15. Explicitons le sens de ce nombre, et ses conséquences possibles sur les familles en cause. Un risque relatif de 15, cela signifie que le risque d'autisme pour cet enfant est multiplié par 15 par rapport au risque moyen dans la population. Puisque l'on estime aujourd'hui que l'autisme touche environ 1 enfant sur 150[12], on arrive donc pour le plus « mauvais » résultat à un risque de 1 sur 10 (15 × 1/150). En d'autres termes, l'enfant qui aurait le pire résultat à ce test garderait 9 chances sur 10 de ne pas évoluer vers l'autisme, et pourtant il se retrouverait étiqueté « à haut risque ».

12. Ce chiffre a fortement augmenté depuis une trentaine d'années, mais correspond à l'autisme au sens large, les « troubles du spectre autistique » (TSA), voir chapitre 1.

Du danger des « faux positifs »

Bien entendu, tout test de diagnostic présente un certain taux de « faux positifs » (personnes non atteintes détectées à tort) et de « faux négatifs » (personnes atteintes que le test ne détecte pas) – mais ces valeurs sont à envisager en rapport avec l'usage prévu de cet examen. Dans un test de dépistage largement pratiqué, un test HIV par exemple, on préfère éliminer le plus possible les faux négatifs pour ne pas passer à côté d'une séropositivité, en acceptant l'existence de quelques faux positifs : on dispose en effet d'autres procédés de diagnostic, plus coûteux mais plus sélectifs et plus précis, qui seront systématiquement pratiqués en cas de positivité (mais dans ce cas seulement), et élimineront les faux positifs, au grand soulagement des intéressés. Mais pour ce qui nous concerne ici, il n'y a pas de test de deuxième ligne, à part l'examen clinique avec toutes ses incertitudes… Et comme l'autisme est *aussi* un trouble de la relation, la prophétie découlant d'un test trop imprécis risque d'être autoréalisatrice : désigné comme étant « à haut risque », l'enfant sera la cible de la sollicitation inquiète de ses parents – à la limite, s'il n'était pas déjà autiste, il pourrait le devenir… Le trait est forcé, mais il aide à percevoir à quel point le problème est ici différent de celui d'un test biologique classique.

Décalage entre médias, publication scientifique et communication de l'entreprise

Au terme de ces investigations, je note quelques bémols par rapport à l'impression que donnait l'article du *Monde*. Le plus important est qu'il ne s'agit pas d'un test en libre-service auquel pourrait avoir recours, en l'absence de tout encadrement médical, n'importe quel parent ayant des inquiétudes sur le développement cognitif de son enfant. Non, le test d'IntegraGen est destiné à évaluer le risque que court un membre d'une fratrie dans laquelle existe déjà un cas d'autisme confirmé, et le but – a priori louable – est de détecter le plus tôt possible les enfants « à risque » afin qu'ils soient examinés de manière approfondie par des cliniciens compétents et puissent être pris en charge si nécessaire. Par ailleurs, l'entreprise a bel et bien réalisé une étude scientifique sérieuse, validée par une publication dans une revue de bonne qualité, qui apporte certains éléments nouveaux sur les corrélats génétiques de l'autisme. Néanmoins, les conclusions de cette étude sont fort modestes : un gène qui « pourrait être impliqué dans l'étiologie de l'autisme »... Et surtout, les performances qu'indique l'entreprise elle-même pour son futur test (incorporant une majorité de résultats non publiés et dont on ne peut donc évaluer le sérieux) semblent largement insuffisants, puisque dans le meilleur des cas le résultat comprendra 90 % de faux positifs !

L'éventuelle utilité clinique* de ce test paraît donc aléatoire. En revanche, on voit fort bien les dégâts qu'il peut causer en inquiétant à tort des parents qui n'ont pas besoin de cela, et en plaquant sur des enfants qui ont 90 % de chances d'être indemnes une étiquette de « pré-autiste » – étiquette qui pourrait, à la limite, constituer une prophétie autoréalisatrice. L'initiative d'IntegraGen me paraît donc malvenue, et je m'exprime en ce sens dans un article paru en octobre 2005 dans la revue *Médecine/Sciences* [3.2] – sans que cela provoque de réaction de l'entreprise. La plupart des associations concernées par cette maladie (ProAid Autisme, Arapi,

Sésame Autisme, Autisme France) s'élèvent elles aussi contre cette annonce, ainsi que, début 2006, le comité d'éthique de l'Inserm (comité Ermes) dans un long avis très circonstancié – mais qui ne sera finalement pas rendu public, j'y reviendrai. L'annonce d'IntegraGen y est notamment qualifiée de « politique d'annonce précipitée (qui) donne le sentiment d'une démarche d'information qui favorise d'éventuelles retombées commerciales et financières plutôt qu'une information scientifique rigoureuse et une information médicale soucieuse de l'intérêt des malades et de la souffrance des familles », et ce document pose une question fort pertinente : « comment soigner ceux qui en ont besoin sans transformer en malades ceux qui ne le seront pas ? »

4

Le paysage de l'autisme : les signes et les causes

Avant d'aller plus avant, il nous faut brosser un tableau plus détaillé de l'autisme. Je n'ai pas la prétention d'être exhaustif, un ouvrage entier n'y suffirait pas, et je ne me présente pas en spécialiste de cette maladie. Je m'y intéresse parce qu'elle fournit un bon exemple des questions soulevées par l'application des découvertes de la nouvelle génétique aux affections dont la composante héréditaire est complexe – et aussi, comme on le verra plus loin, parce que j'ai été mêlé à une affaire judiciaire la concernant. Mais pour comprendre l'intérêt, les limites et les dangers d'un « test génétique de l'autisme », il faut avoir une vision d'ensemble de ce syndrome et de la manière dont sont appréhendés aujourd'hui ses causes et son traitement. Il est certes délicat d'esquisser une telle vision en quelques pages, car le sujet est complexe et, de plus, soulève d'intenses polémiques – je vais néanmoins tenter de le faire en développant et précisant différents points rapidement évoqués au tout début de ce livre.

Les signes de l'autisme – ou *des* autismes…

L'autisme, qui associe des troubles touchant à la communication verbale et non verbale, aux interactions sociales, et à l'éventail des centres d'intérêt, présente un large tableau de signes caractéristiques (*figure 8*), qui ne sont pas nécessairement tous retrouvés chez chaque personne atteinte. Ces symptômes sont d'intensité très variable, d'autant plus que l'on tend à regrouper aujourd'hui sous le terme d'autisme au sens large, ou de « troubles du spectre autistique » (TSA), l'autisme infantile proprement dit, tel qu'il avait été décrit par Leo Kanner en 1943, mais aussi le syndrome d'Asperger, identifié la même année par le psychiatre autrichien Hans Asperger et popularisé beaucoup plus tard, dans les années 1980. Cette dernière affection se caractérise par une altération des interactions sociales semblable à celle observée dans l'autisme « classique », associée à un répertoire d'intérêts et d'activités restreint, stéréotypé et répétitif, mais elle se différencie par l'absence de retard de langage et par un développement cognitif normal. La plupart des sujets présentant le trouble d'Asperger ont un bon niveau d'intelligence, mais manquent souvent d'habileté manuelle. Les anomalies persistent généralement à l'adolescence et à l'âge adulte et ne semblent guère influencées par l'environnement. Les patients atteints du syndrome d'Asperger montrent souvent des capacités étonnantes et un intérêt marqué pour un domaine spécifique dans lequel ils excellent, mais les perturbations de leur comportement, leurs rites, leur résistance au changement et les angoisses qui peuvent en découler, leurs préoccupations circonscrites à quelques centres d'intérêt, leur langage le plus souvent recherché mais parfois inapproprié... provoquent de réelles difficultés d'intégration. Le personnage principal du film *Rain Man* (1988), interprété par Dustin Hoffman, présente un tableau clinique proche de ce syndrome.

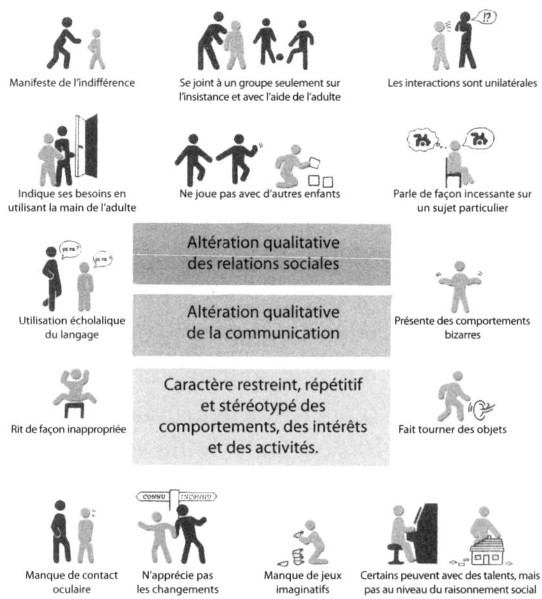

Figure 8. Les signes de l'autisme (association Espoir pour enfants autistes, http://association-espoir.com/mapage/index.html).

Entrent encore dans la catégorie des TSA l'autisme « de haut niveau », terme appliqué à des personnes capables d'interagir socialement et d'exprimer leur intelligence tout en présentant certaines caractéristiques apparentées à l'autisme, et l'« autisme atypique » correspondant à des symptômes isolés. Et enfin, quelques maladies génétiques bien définies (et causées par une altération d'un gène précis, aujourd'hui identifié), comme le syndrome de l'X fragile ou le syndrome de Rett, donnent lieu à des perturbations du comportement dont certaines rejoignent le tableau de l'autisme. On voit à quel point des troubles de nature et d'intensités différentes se trouvent regroupés sous une appellation globale (*figure 9*). Même lorsqu'on se limite à une seule catégorie clinique, comme l'autisme infantile, les symptômes sont si variables qu'il vaut mieux parler *des* autismes, et que la recherche d'une étiologie unique ou d'une théorie unifiante est problématique.

Nous avons déjà évoqué l'idée largement répandue d'une « épidémie d'autisme » et indiqué qu'il s'agissait probablement d'une illusion d'optique liée à l'élargissement des critères de diagnostic et à une attention plus grande portée au développement précoce de l'enfant – reste que cette idée est largement répandue dans le public, et est soutenue par quelques spécialistes. La prévalence indiquée aujourd'hui – jusqu'à 1 enfant sur 100 en 2009 selon certains – sous-tend cette notion d'épidémie, incite à lui trouver des causes liées à l'environnement (vaccination, métaux lourds, polluants divers...), et alimente le lobbying de certaines associations de parents.

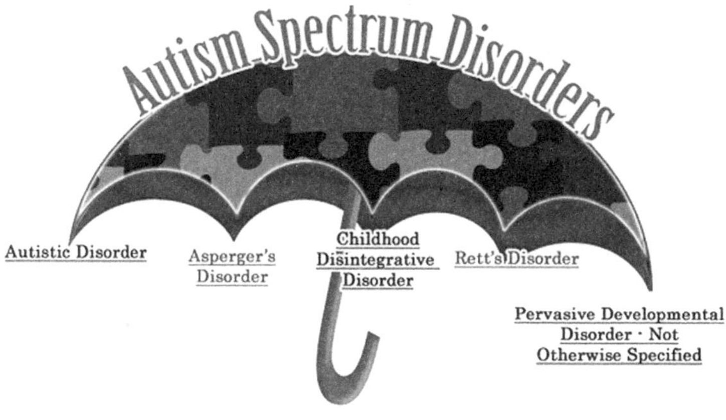

Figure 9. Les différents troubles (eux-mêmes probablement hétérogènes) regroupés sous l'ombrelle de l'autisme. On y retrouve, de gauche à droite, l'autisme infantile proprement dit, le syndrome d'Asperger, puis une entité bien nord-américaine, le « trouble d'intégration infantile », la maladie de Rett (une maladie génétique neurologique atteignant principalement les filles et liée à des mutations* du gène *MECP2*), et l'autisme non spécifique apparaissant ici sous sa désignation anglo-saxonne (source : http://www.jcu.edu.au/disability/JCUPRD_050409.html).

L'apport de l'imagerie cérébrale

À partir des années 1980 (et plus encore 1990), il est devenu possible d'accéder à l'anatomie et à la physiologie du cerveau de manière non invasive grâce aux progrès de l'imagerie médicale : ces techniques ont naturellement été employées pour déterminer si l'autisme s'accompagne de particularités à ce niveau. Beaucoup d'entre nous ont eu l'occasion de « passer un scanner » à l'occasion d'une intervention, de la pose d'un pivot dentaire ou d'un soupçon de cancer, et la finesse, la précision des images ainsi obtenues ont étonné ceux qui ont eu la curiosité de les regarder de près – en comparaison des radiographies toujours un peu floues que les plus âgés ont connues. C'est que les systèmes de radiographie actuelle produisent une véritable image en trois dimensions, que l'on peut examiner sous tous les angles en réalisant par traitement informatique une sorte de coupe au sein de l'objet examiné (notre corps), au lieu d'une simple ombre projetée sur un écran ou un film pour les « radios » d'antan. Une variante plus récente et plus sophistiquée est l'imagerie par résonance magnétique ou IRM, qui donne elle aussi des images très précises mais n'utilise pas les rayons X et ne soumet donc la personne à aucune irradiation. De tels examens, indolores et sans danger, ont été pratiqués sur des enfants autistes pour examiner d'éventuelles anomalies cérébrales. On avait déjà remarqué que leur tête avait souvent tendance à être plus grosse que la normale ; l'étude par IRM a confirmé que la vitesse de croissance du cerveau était augmentée durant les premières années de la vie puis ralentie ensuite ; cet excès de croissance concerne principalement la matière blanche et un peu moins la matière grise, et son début coïncide avec l'apparition des premiers symptômes. La maladie est donc bien corrélée à des anomalies organiques au niveau cérébral – sans que l'on puisse affirmer à ce stade que celles-ci sont nécessairement la cause de l'affection : elles pourraient, à la limite, en être la conséquence…

L'imagerie fonctionnelle, une révolution

Mais la technique qui a réellement autorisé des avancées significatives est l'« IRM fonctionnel ». Elle met en œuvre les mêmes instruments, mais utilisés selon des modalités particulières qui permettent de révéler quelles zones du cerveau sont activées lorsque le sujet exécute une tâche donnée, par exemple reconnaît des animaux dont on lui présente l'image. En fait, l'appareil détecte les variations d'oxygénation du sang dans chaque région cérébrale : si l'une d'elles est activée lors de la réalisation de la tâche, sa consommation d'oxygène accrue va la faire ressortir sur l'image. Cette technique, inventée au début des années 1990, est aujourd'hui très largement employée pour comprendre le fonctionnement du cerveau, et elle a révélé des différences notables entre les enfants autistes et les témoins normaux. Au fil des années, on a pu en effet repérer les zones habituellement activées lors de l'accomplissement de diverses tâches de type plutôt visuel ou au contraire plutôt abstrait, ou lorsqu'on ressent telle ou telle émotion. Cet atlas des régions mises en jeu est relativement constant chez les individus normaux, et l'on constate de nettes différences quand l'examen porte sur un enfant autiste. Sans entrer dans les détails qui sont, on l'imagine, très complexes, on constate chez eux une réduction générale des connexions entre différentes parties du cerveau, ainsi qu'une activation augmentée des zones postérieures et diminuée des zones antérieures [4.1]. Les locus du cerveau mis en jeu dans la reconnaissance des visages présentent une activité anormalement basse, mais, paradoxalement, l'accomplissement de tâches cognitives abstraites active – ce qui n'est pas habituel – des régions impliquées dans les processus visuels, comme si ces enfants avaient besoin de « penser en images », ce qui rejoint certaines observations cliniques. Plus globalement, le point commun essentiel entre tous ces résultats est que le cerveau des jeunes autistes présente un défaut de connectivité qui implique les synapses, ces points de contact entre neurones par lesquels passent les influx nerveux. On a là un ensemble complexe de résultats, d'ailleurs variable selon les études ce qui traduit sûrement la diversité des affections rassemblées sous le terme attrape-tout d'autisme ou de TSA, mais qui montre bien le substrat organique du syndrome. Bien entendu, organique ne signifie pas forcément génétique : en principe, les différences observées pourraient être la conséquence de l'environnement physique et affectif du petit enfant – quoique l'extrême précocité des phénomènes observés (parfois même *in utero*, sur le fœtus) montre que la relation mère-enfant ne peut guère être impliquée. Nous savons déjà que, par ailleurs, les études de jumeaux (entre autres) ont prouvé l'existence d'une composante génétique majeure pour cette affection. Nous allons d'ailleurs revenir aux hypothèses avancées, au cours des décennies, pour définir les causes de l'autisme.

À la recherche des racines de l'autisme

Pourquoi un enfant naît-il, ou devient-il, autiste ? Question récurrente que se posent avec angoisse les parents, se demandant souvent quelle erreur ils ont pu commettre ou cherchant au contraire à se rassurer en trouvant une cause extérieure au déclenchement de l'affection. De la réponse va dépendre le traitement appliqué au malade : il sera fondamentalement différent selon que l'on attribue la maladie à un trouble de la relation mère-enfant, à une intoxication par un contaminant alimentaire ou à une affection neurologique d'origine génétique – rappelons que « génétique » ne signifie pas irrémédiable, comme le montre l'exemple de l'hémophilie, défaut d'origine génétique de la coagulation du sang qui se traite très bien par l'injection de facteurs de coagulation. Bien entendu, si une thérapie donnée avait une efficacité évidente, on l'appliquerait sans se poser trop de questions, mais ce n'est malheureusement pas le cas.

« Mère frigidaire » et troubles de la relation : l'époque du « tout psychanalytique »

Certains affirment que les psychanalystes se sont totalement trompés sur l'étiologie de l'autisme et en ont fait uniquement un trouble de la relation parentale, niant farouchement toute cause organique et chargeant ainsi nombre de mères d'une culpabilité imméritée. La réalité est un peu plus nuancée. L'inventeur du terme d'autisme infantile, Leo Kanner, était pédiatre et non psychanalyste ; il a effectivement formulé, dans un premier temps, cette fameuse hypothèse de la « mère frigidaire » (*refrigerator mother*) dont la froideur convaincrait l'enfant de sa non-existence et l'amènerait à se replier sur lui-même, mais il a évolué par la suite jusqu'à admettre à la fin de sa vie que l'hérédité jouait un rôle important. En revanche, Bruno Bettelheim, pédiatre devenu psychanalyste, a bel et bien soutenu l'hypothèse relationnelle, développant son explication de l'autisme dans un ouvrage célèbre, *La Forteresse vide*. Selon sa vision, l'enfant, confronté à une mère froide, qui le repousse et en quelque sorte nie son droit à l'existence, se réfugie dans sa

« coquille autistique » et refuse les contacts pour se protéger d'un monde hostile et dangereux. Très logiquement, le traitement préconisé est la psychothérapie, pour la mère comme pour l'enfant. Tout en admettant qu'il puisse exister chez certains enfants une vulnérabilité particulière, le mouvement psychanalytique dans son ensemble a largement privilégié les causes relationnelles durant plusieurs décennies ; une de ses figures marquantes, Françoise Dolto, affirmait encore en 1985 [4.2] que « l'autisme, en fait, cela n'existe pas à la naissance. Il est fabriqué. C'est un processus réactionnel d'adaptation à une épreuve touchant l'identité de l'enfant[13] ». Il s'agirait d'une perte de « la relation affective ou symbolique à la mère », et ce ne serait « pas du tout congénital »...

Aujourd'hui, la plupart des psychanalystes ont mis de l'eau dans leur vin et, à l'exemple d'un de leurs porte-parole[14], Jacques Hochmann [4.3], reconnaissent qu'« un certain nombre de psychanalystes ont hélas propagé l'hypothèse désastreuse d'une filiation directe entre les positions inconscientes des parents, notamment de la mère, et l'autisme de l'enfant » et que « on en a tiré la conclusion, inlassablement répétée, qu'une approche psychanalytique de l'autisme impliquait nécessairement une mise en cause culpabilisante de la mère ». Le même auteur affirme ensuite que « la psychanalyse bien comprise et les hypothèses qu'elle permet de faire sur la psychopathologie de l'autisme *n'ont aucune prétention causale*. Elles cherchent à élucider les mécanismes qu'utilise un enfant, privé, pour toutes sortes

13. Françoise Dolto, *La Cause des enfants*, p. 492, [4.2].

14. Pour autant que l'on puisse employer ce terme pour une école de pensée qui refuse à ce point toute organisation, tout contrôle et toute évaluation...

de raisons, *en grande partie biologiques*, d'une communication normale avec son environnement, afin d'organiser sa représentation du monde » [4.3][15]. Notons donc que, dans cette version *soft*, la psychanalyse ne prétend pas dévoiler l'étiologie de l'autisme, et admet (avec une certaine réticence…) que celle-ci est peut-être « en grande partie biologique ». Elle se positionnerait ainsi comme une approche thérapeutique efficace pour un trouble dont elle ne revendique pas de connaître la cause, tout en réaffirmant qu'il s'agit d'un « problème complexe dont la solution ne saurait se réduire à un gène ou au dysfonctionnement d'une zone localisée du cerveau ». C'est à mon sens un progrès, reste à voir dans quelle mesure cette vision est réellement partagée par l'ensemble des psychanalystes, et quelle est sa traduction concrète au niveau de la prise en charge des enfants. Mais poursuivons d'abord notre exploration des causes qui ont été évoquées au fil des années.

Vaccination, mercure, gluten : la chasse aux causes environnementales

Un malheur, quel qu'il soit, devient un peu moins insupportable lorsque l'on croit déceler sa cause. Il est donc bien compréhensible que les parents, et leurs associations, soient attirés par toute théorie reliant l'autisme de leur enfant à un évènement extérieur, au mode de vie ou à l'environnement. L'« épidémie d'autisme », aboutissant à un décuplement du nombre de cas en deux décennies, va bien sûr renforcer

15. Voir aussi une intéressante interview du même auteur parue en 2009 dans la revue *Sciences Humaines*, [4.4].

cette tendance – alors même qu'il ne s'agit probablement que d'une épidémie du diagnostic. On a une illustration frappante de ce mécanisme dans un autre domaine, celui du cancer. Selon la perception qu'en ont la plupart de nos concitoyens – et qu'alimentent largement les médias –, la fréquence des cancers ne cesse d'augmenter, et les polluants répandus dans notre milieu et dans l'alimentation en sont responsables. En réalité, si l'on tient compte du vieillissement de la population, l'incidence [16] de la plupart des cancers est stable ou en diminution ; quant à la pollution (hors tabac), toutes les enquêtes épidémiologiques concluent à une influence mineure la rendant responsable de 5 % des cas tout au plus. Pour en revenir à l'autisme, les coupables les plus fréquemment évoqués sont la vaccination, rejoignant là une défiance croissante envers cette intervention protectrice[17], ou encore divers composants de notre alimentation – en cohérence là aussi avec une certaine hystérie anti-OGM et une obsession du naturel et du « bio »...

16. Nombre de nouveaux cas en une année, pour une population équivalente (par exemple les hommes âgés de 60 à 70 ans). Si la proportion de personnes âgées de plus de 60 ans augmente, le nombre absolu de cas de cancer peut augmenter même si l'incidence est constante ; et si les décès dus aux maladies infectieuses ou cardio-vasculaires diminuent, le nombre de décès dus au cancer peut augmenter fortement alors même que les traitements deviennent plus efficaces.

17. Défiance dont nous avons eu un bel exemple lors de la récente épidémie de grippe H1N1.

La « conspiration » des vaccins

Un lien entre vaccination et autisme a souvent été évoqué, et cette hypothèse se retrouve – présentée comme une vérité démontrée – sur nombre de sites internet (*figure 10*) et d'ouvrages grand public à prétention médicale. Voici, par exemple, des extraits de la présentation d'un livre récent de Sylvie Simon, *Autisme et vaccination* [4.5] : « L'autisme est devenu la nouvelle épidémie du siècle, mais les pouvoirs publics prétendent que son origine est génétique. Comment une maladie génétique peut-elle s'être multipliée par 12 en dix ans dans les pays développés, soit environ 1 cas sur 150 naissances ? » Notons l'argument de l'épidémie, dont nous avons vu la fragilité, et la conspiration censément ourdie par les « pouvoirs publics » en faveur d'une étiologie génétique. Un peu plus loin : « L'idée d'associer autisme et vaccins demeure encore impopulaire, cependant cette hypothèse gagne du terrain car environ 50 % des parents d'autistes signalent que le comportement de leur enfant a changé tout de suite après la vaccination. » On se réfère ici au vécu des parents, dont on connaît la fragilité en tant que donnée scientifique. De fait, la série initiale de vaccinations est pratiquée sur le nourrisson autour de l'âge de 12 mois, et les premiers symptômes de l'autisme sont repérables entre 12 et 18 mois : il peut donc bien y avoir des coïncidences, mais il ne faut pas confondre coïncidence et causalité.

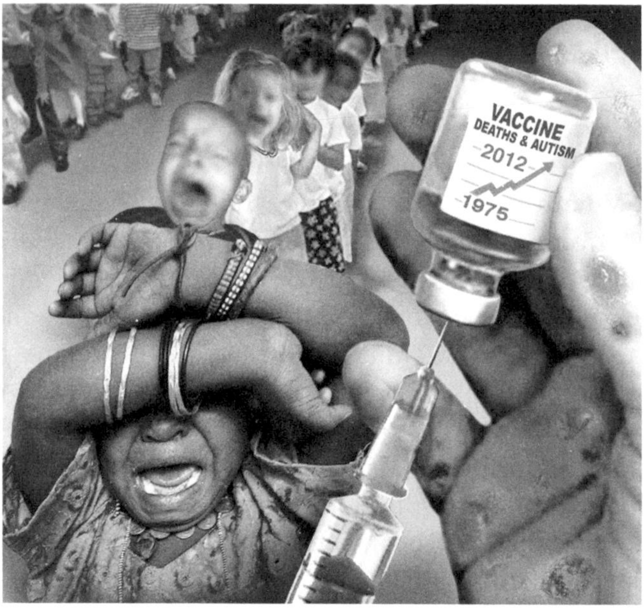

Figure 10. Vaccins, morts et autisme. Remarquer les vilaines pustules sur la main criminelle qui vaccine ces enfants innocents...

Cette thèse a semblé recevoir un appui scientifique avec la publication en 1998 dans une revue médicale de référence, *The Lancet*, d'un article qui suggérait la possibilité d'un lien entre la vaccination par le vaccin rougeole-oreillons-rubéole et l'autisme [4.6]. Il s'agirait là d'un effet dû à la souche vaccinale contenue dans la préparation, qui provoquerait des troubles digestifs permettant à des substances neurotoxiques de passer dans le sang et de causer un arrêt du développement neurologique. Mais cet article a été démenti par nombre d'études ultérieures, et il s'est avéré que l'auteur principal, Andrew Wakefield, avait breveté un vaccin concurrent, et qu'il aurait de surcroît manipulé ses données. Finalement, dix des treize auteurs se sont rétractés en 2004 et, constatant que « certaines affirmations du papier original [...] étaient fausses », *The Lancet* a décidé de le « retirer complètement des archives » en 2010. D'autres mises en cause des vaccins reposent sur la présence, dans certains d'entre eux, de mercure sous forme d'éthylmercure (thimérosal). Ce métal est effectivement connu pour sa toxicité cérébrale, mais à dose bien plus élevée que celle contenue dans les vaccins[18]. Par ailleurs, de nombreuses études épidémiologiques pratiquées au Canada (Montréal), aux États-Unis, en Angleterre, et au Danemark sur un million d'enfants au total, en suivant leurs dossiers de la naissance jusqu'à l'âge de 10 ans, ne détectent aucune corrélation entre les doses administrées de vaccins contenant du thimérosal et le nombre de cas d'autisme.

Bien entendu, on ne peut jamais prouver l'absence totale d'effet négatif d'une intervention thérapeutique – selon une expression largement galvaudée, « le risque zéro n'existe pas ». On peut comprendre que des parents, frappés par la succession temporelle des vaccinations et des premiers symptômes, accordent foi à cette hypothèse qui est d'une certaine manière rassurante, affirmant la responsabilité d'une cause extérieure et rejetant la faute sur des entités comme les pouvoirs publics ou l'industrie des vaccins. Il faut néanmoins rappeler que ces craintes peu fondées ont abouti à une diminution significative de la couverture vaccinale, à des

18. À moins d'additionner tous les vaccins reçus par l'enfant durant deux ans – en oubliant que le mercure est rapidement éliminé après chaque injection.

infections bien réelles par le virus de la rougeole et même à quelques décès [4.7]. En France, on assiste en 2011 à une véritable épidémie avec 14 500 cas et six décès durant les neuf premiers mois de l'année [4.8].

Le gluten et la caséine : poisons pour le cerveau ?

Une autre hypothèse, qui a connu une vogue inversement proportionnelle à sa crédibilité scientifique, est celle d'un rôle de l'alimentation, notamment du gluten et de la caséine. Ces deux protéines seraient la source, à travers la digestion, de « peptides opioïdes » (présentant des analogies de structure avec des molécules psychoactives comme l'opium ou la morphine) qui passeraient dans le cerveau en raison d'une perméabilité intestinale accrue (peut-être favorisée par l'exposition aux métaux lourds comme, une fois encore, le mercure) et y exerceraient un effet toxique. En faveur, et sans doute à l'origine de cette théorie, le fait que l'intoxication à la morphine provoque souvent des comportements qui ressemblent à ceux de l'autisme. Mais, malgré les affirmations répétées de l'initiateur de cette théorie, le Norvégien Karl Reichelt [4.9], une analyse de l'ensemble des études menées ne démontre pas d'effet significatif d'un régime sans gluten et sans caséine [4.10]. Celui-ci est par ailleurs très contraignant et dispendieux pour les familles, que ce soit pour des tests réguliers censés déceler la présence de peptides opioïdes dans les urines ou pour l'achat de produits alimentaires spéciaux vendus par des entreprises spécialisées. La croyance – assez répandue – en les bienfaits d'une telle approche risque aussi, bien sûr, de détourner les familles de s'engager dans des thérapies plus efficaces.

Il s'avère donc que les causes extérieures, qu'elles soient relationnelles, iatrogéniques ou alimentaires, ne peuvent être retenues comme cause première des syndromes autistiques. Reste donc l'hérédité, dont le rôle est démontré mais dont le mécanisme est encore inconnu. Découvrir ce ou ces mécanismes, ce n'est pas seulement satisfaire une curiosité intellectuelle : c'est aussi se mettre en mesure, à terme, d'intervenir de manière efficace sur ces processus et de limiter les handicaps entraînés par l'autisme, à défaut de le guérir.

La réalité génétique : une influence très forte, mais des gènes insaisissables

Comme nous l'avons vu dès le premier chapitre, le rôle des gènes – mis en évidence par la forte concordance entre vrais jumeaux – est très important dans cette affection. Cela rend invraisemblables les hypothèses vaccinales et alimentaires, puisqu'on ne voit pas comment ces causes auraient un effet différentiel chez les vrais et les faux jumeaux. La réalité du rôle majeur de l'hérédité a mis du temps à s'imposer, mais a été généralement admise à partir du début des années 1980 [1.9]. Dès lors, on pouvait entretenir l'espoir de découvrir « les gènes de l'autisme ». Il était certes clair qu'il ne s'agissait pas d'une affection *monogénique*, car sa transmission au sein des familles ne répond pas aux règles de l'hérédité mendélienne[19], mais des calculs théoriques laissaient penser qu'elle pouvait être liée à trois gènes majeurs seulement.

19. Par exemple, pour une affection monogénique, si la concordance entre vrais jumeaux est de 100 %, celle que l'on observe entre faux jumeaux (ou entre membres de la fratrie) devrait être de 50 %. Ce n'est clairement pas le cas pour l'autisme, ce qui indique que plusieurs gènes sont en jeu.

Cela autorisait certains espoirs, car chacun de ces gènes aurait alors eu un effet suffisamment important pour être décelable avec les méthodes de la fin des années 1990.

En réalité, tel n'a pas été le cas. Il faut dire aussi que les autistes n'ayant en général pas d'enfants, cela limite singulièrement les études génétiques : impossible d'étudier directement l'arbre généalogique de familles au sein desquelles l'affection aurait été transmise de génération en génération. Il faut alors avoir recours à des méthodes indirectes et moins performantes. On peut focaliser l'étude sur les familles dites « multiplex », comportant deux enfants atteints (mais ces familles sont rares, les parents d'un enfant autiste renonçant souvent à en avoir d'autres), et rechercher quelles régions chromosomiques particulières sont transmises à ces enfants par leurs parents : si l'on retrouve les mêmes régions pour plusieurs familles, on peut faire l'hypothèse qu'elles contiennent des gènes dont certaines versions favorisent l'apparition de l'autisme. Il restera alors à étudier en détail ces zones de l'ADN, à faire l'inventaire des gènes qu'elles contiennent et à voir lesquels sont différents chez les autistes. On peut aussi adopter l'approche des « gènes candidats », c'est-à-dire choisir a priori parmi les gènes connus ceux dont on peut suspecter qu'ils sont impliqués dans le syndrome : gènes exprimés dans les cellules nerveuses, jouant un rôle dans les connexions entre neurones ou dans le métabolisme cérébral… il en existe des centaines. On étudie alors la répartition des variants de ces gènes au sein d'ensembles d'enfants atteints ou indemnes : si un variant particulier est beaucoup plus fréquemment retrouvé chez les autistes que chez les témoins, on peut supposer qu'il a quelque chose à voir dans l'étiologie de l'affection.

Malgré de très nombreux travaux menés de 1985 (reconnaissance confirmée du caractère génétique de l'autisme) à

2005 (date où commence notre histoire), attestés par des centaines de publications scientifiques, les résultats se sont avérés très minces [4.11]. Certes, de nombreuses régions chromosomiques ont montré, dans certaines études, une association plus ou moins nette avec l'affection ; certes, plusieurs variants de gènes se sont eux aussi avérés être génétiquement liés à l'autisme (*figure 11*) ; mais la multiplicité même des régions ou des gènes ainsi désignés, la faible validité statistique des résultats due au petit nombre de cas inclus, et surtout les contradictions entre études successives, alors même qu'elles portaient parfois sur les mêmes malades, montraient bien que l'on n'avait guère avancé. Ce piétinement indiquait que le nombre de gènes impliqués était élevé, rendant la mise en évidence de chacun d'eux très difficile. Il reflétait aussi l'imperfection des techniques employées : le maillage du génome par les balises génétiques employées dans ces études était à l'époque encore très peu serré[20], et des gènes avaient pu en quelque sorte « tomber dans les trous » ; enfin la nécessité de rassembler une ou deux centaines de cas pour donner à ces travaux un minimum de validité statistique induit le risque de mélanger, sous ce concept assez flou d'autisme, des affections d'origines différentes et ainsi de brouiller l'image obtenue. Notons que, dans ce contexte, les travaux réalisés par les chercheurs de l'entreprise IntegraGen occupent une place honorable, ils font partie des nombreux cas d'implication possible d'un gène exprimé dans les tissus nerveux – sans prétendre apporter une explication générale et sans qu'ils aient vocation à permettre d'élaborer un test génétique largement applicable.

20. Une des dernières études de cette décennie, publiée en 2003, repose sur le balisage du génome par 400 marqueurs. Aujourd'hui, en 2011, on en emploie 1 ou 2 millions…

Table 1 Genes That Have Shown Association in Independent Samples and/or Have Shown Association at the Statistical Level of $P = 0.005$ or Better

Gene	Putative Function	Locus	Method	Best p Value	Citation
AVPR1a	Arginine vasopressin receptor involved in social behavior	12q	Family based	.008	152
			Family based	.048	153
ADA	Adenosine deaminase plays a role in purine metabolism, immune responses, and peptidase activity	20q13	Case-control	.018	154
			Case-control	<.00001	155
			Case-control	.00003	156
ENGRAILED 2	Homeobox transcription factor, involved in hind brain development: mutations cause cerebellar abnormalities	7q36	Family based	<.01	139
			Family based	.000005	138
SCL25A12	Encodes mitochondrial aspartate/glutamate carrier	2q24–33	Family based	.001. one haplotype 3×10^{-16}	157
Tryptophan 2.3 dioxygenase	Enzyme that is RLS in catabolism of tryptophan, 5-HT precursor		Family based	.0006	158
Glutamate receptor 6 (GluR6 or GRIK2)	Excitatory neurotransmitter involved in learning and memory	6q21	Family based	.0004	159
UBE2H	Expressed in human brain, related to UBE3A (Angelman gene)	7q32	Case-control	.004	160

Table 1 Genes That Have Shown Association in Independent Samples and/or Have Shown Association at the Statistical Level of $P = 0.005$ or Better

Gene	Putative Function	Locus	Method	Best p Value	Citation
GABRB3	Encodes for subunit on GABA receptor	15q	Family based	.0014	65
			Family based	<.002	102
SCL6A4	Serotonin transporter	17q	Family based	.018	109
			Family based	.03	108
			Family based	.007	111
			Family based	<.025	110
			Family based	Not reported	107
			Family based	.0069	112
HOXA1	Gene involved in brainstem and		Case-control	.001	116
	hindbrain development		Family based	.03	161
RELN	Reelin is an extracellular matrix protein	7q	Case-control	.001	124
	involved in cell migration and		Family based	.034	125
	synaptic plasticity		Family based	Not reported	123

Those with both positive and negative evidence for association.

Figure 11. Les « meilleurs » gènes impliqués dans l'autisme, en 2004 [4.11].

Nous verrons plus loin que, durant les années suivantes, de nouvelles techniques d'analyse génétique plus puissantes et plus sophistiquées ont été mises au point. Elles devraient permettre de progresser et d'identifier, de manière enfin concluante, des gènes directement impliqués dans l'apparition de l'autisme. L'enjeu est important, car cela permettrait d'éclairer l'étiologie de cette affection, la manière dont les dysfonctionnements de la synapse surviennent et leurs conséquences sur l'organisation du cerveau et le comportement des patients. Ces connaissances devraient aussi, à terme, aider à concevoir des interventions (notamment médicamenteuses) à même de limiter les effets négatifs des altérations observées. Mais, sans attendre, on a pu assister à une floraison de thérapies dont certaines apparaissent aujourd'hui hautement fantaisistes quand elles ne sont pas franchement barbares.

5

Le paysage de l'autisme : les thérapies

Devant la tragédie que représente l'autisme infantile, devant ces familles profondément déstabilisées et ces enfants coupés du monde, que peut-on donc faire pour améliorer leur état, calmer leurs angoisses, atténuer les symptômes les plus gênants comme leur tendance à l'automutilation, et permettre une certaine intégration dans la vie scolaire et, plus tard, sociale ? Il est un point sur lequel toutes les écoles de pensée s'accordent (c'est peut-être le seul), c'est l'intérêt d'une intervention aussi précoce que possible. Le cerveau du nouveau-né est inachevé, et de nombreuses connexions sont établies durant les premiers mois de son existence hors du ventre maternel. C'est donc dans les deux premières années que sa plasticité est maximale et que des interventions peuvent avoir le plus d'effet. Or, selon le niveau d'attention et d'expérience des parents, la prise de conscience d'anomalies peut n'avoir lieu qu'après l'âge de 2 ans, et le diagnostic proprement dit, donc le début du traitement, intervient encore plus tard, après 4 ans le plus souvent. Les enjeux d'un diagnostic précoce et fiable sont donc importants, ce qui explique la motivation d'entreprises comme IntegraGen et le retentissement de leurs annonces. Mais, une fois le diagnostic posé, que faire ? Bien naturellement, les thérapies préconisées reflètent l'opinion de leurs partisans sur la nature profonde du trouble. La France constitue de ce point de vue un cas à part, car – contrairement à la plupart des autres nations – la psychanalyse y a gardé une position médiatique et institutionnelle très forte, et les particularités de notre organisation sociale, éducative et médico-sociale – scolarisation en maternelle à un âge précoce et abondance de structures médico-éducatives – favorisent la persistance de stratégies qui « n'ont fait l'objet d'aucune étude contrôlée permettant de juger de leur efficacité », selon un rapport établi en juin 2007 pour le ministère de la Santé [5.1]. En fait, les prises en charge d'inspiration psychanalytique restent assez largement appliquées pour l'autisme dans notre pays. C'est le cas dans presque tous les hôpitaux de jour, CMPP[21], CAMSP[22] et IME[23], où elles sont combinées à dose variable avec des interventions éducatives.

L'approche psychanalytique

La psychothérapie, ou même la psychanalyse (tant pour l'enfant que pour ses parents) ont été considérées comme l'approche *princeps* dans les années 1970, et même bien plus récemment. Citons encore Françoise Dolto (1985) : « Réévoquer un passé et rendre au sujet du désir le droit à son espérance en lui et dans les autres, tel est le difficile travail auquel se livrent les psychothérapeutes aidés des

21. CMPP, Centre médico-psychopédagogique.
22. CAMSP, Centre d'action médico-sociale précoce.
23. IME, Institut médico-éducatif.

parents, avec les enfants autistes ». Elle ajoute néanmoins : « Mais ce travail psychanalytique n'exclut (pas) l'accueil sociopédagogique dont ces enfants ont un très grand besoin – bien qu'ils y paraissent indifférents sinon imperméables[24]. » Cette combinaison des deux approches est souvent préconisée aujourd'hui ; d'ailleurs Jacques Hochmann, déjà cité dans le chapitre précédent [4.3, 4.4] reconnaît que « les familles pouvant accompagner leur enfant régulièrement chez un analyste, quatre à cinq fois par semaine, sur plusieurs années, pour des séances d'environ une heure, doivent pouvoir disposer d'une disponibilité que les circonstances rendent relativement rare[25] ». Toujours selon lui, « l'écoute psychanalytique est utilisée au sein de programmes multidimensionnels, intégrant des psychothérapies individuelles et de groupe, des ateliers d'expression, parfois des thérapies corporelles visant à restaurer une image du corps altérée. Il s'y associe généralement des rééducations orthophoniques et psychomotriciennes et des temps éducatifs aidant l'enfant à développer ses moyens de communication et ses habiletés sociales. On y a ajouté, dès le début, une indispensable dimension pédagogique avec la présence, dans les institutions psychiatriques ou médicopédagogiques, d'enseignants spécialisés, relayés, de plus en plus souvent aujourd'hui, par un accueil scolaire à temps partiel, voire à temps plein, en milieu ordinaire. Ces programmes [...] n'ont pas, en effet, pour objet principal de dévoiler des fantasmes inconscients, mais d'établir avec l'enfant un milieu accueillant favorable où ses tentatives d'entrer en relation avec autrui seront encouragées et où il pourra, tout en faisant

24. Françoise Dolto, *La Cause des enfants*, p. 494-495 [4.2].
25. Sans parler des aspects financiers...

des apprentissages, trouver progressivement remède aux angoisses qui l'habitent lorsqu'il doit se confronter à l'imprévu et se risquer dans une rencontre intersubjective. » Une telle approche multidisciplinaire, non dogmatique et individualisée, paraît assez séduisante, mais correspond-elle réellement à la pratique majoritaire de ceux qui se réclament de la psychanalyse ? On peut en douter lorsqu'on constate la forte adhésion que rencontre dans ce milieu une pratique éminemment contestable, le *packing*.

Le *packing*, un scandale bien français ?

Le *packing,* méthode thérapeutique qui serait pratiquée par une centaine d'équipes dans notre pays, consiste à envelopper l'autiste dans des draps mouillés qui sont restés au moins une heure dans un réfrigérateur. Durant la séance, le thérapeute parle au patient enroulé dans ce cocon glacial afin de lui faire prendre conscience des limites de son corps. Ce traitement, censé convenir notamment aux enfants ayant tendance à l'automutilation, ne repose sur aucune base scientifique démontrée et c'est seulement maintenant qu'une étude clinique de validation a été lancée ; la technique a néanmoins pignon sur rue en France (*figure 12*) et des partisans bien insérés dans le système hospitalier comme le professeur de psychiatrie Pierre Delion [5.2], organisateur de « formations » sur ce thème. Selon un de ses défenseurs, « au-delà d'une simple prise de conscience de la peau et des limites corporelles, indubitable par ailleurs et qui permet de lutter contre les angoisses de morcellement, il s'agit pour le patient de se réapproprier son corps. En effet, *l'une des caractéristiques de l'autiste est de ne pas disposer d'un corps qui lui appartienne en propre*[26]. Cette non-appartenance est la conséquence d'une déconnexion du corps et de l'esprit. Cette non-appartenance, entre autres, a pour conséquence de priver l'autiste d'un sentiment de continuité d'existence et d'une identité solidement assise. Pour obtenir un effet thérapeutique sur la prise de conscience des limites corporelles, un apaisement, même transitoire, des angoisses de morcellement, et un retentissement sur la conviction de continuité d'existence et l'identité, il est nécessaire de recourir à une stimulation sensorielle importante. C'est le froid puis le réchauffement qui s'ensuit qui constitue le préalable à une reconnexion du corps avec l'esprit. Le fait que les draps soient serrés participe également à l'effet thérapeutique. C'est pour ces raisons que le patient doit être en maillot de bain. » [5.3]... Compte tenu de tout ce que l'on sait aujourd'hui sur l'étiologie génétique et organique de l'autisme, et des anomalies neurologiques qui sont présentes chez ces enfants dès la naissance et parfois avant, on ne peut qu'être très sceptique sur l'efficacité d'une telle méthode thérapeutique fondée sur l'idée que « l'autiste ne dispose pas d'un corps qui lui appartienne en propre ». On peut au contraire se demander s'il ne s'agit pas d'une forme de torture infligée (pour leur bien, comme autrefois les électrochocs) à des enfants qui n'ont guère de moyens de défense. C'est ainsi en tout cas qu'un article récent de *The Lancet* caractérisait cette spécialité française, qui « montre à quel point la France est décalée par rapport à la communauté médicale internationale dans la compréhension de cette affection » [5.4]. Nuançons cependant en

26. Italiques ajoutés par l'auteur de ce livre.

reconnaissant que, selon des témoignages dignes de foi, ce procédé appliqué avec précautions et en présence de plusieurs thérapeutes apporterait un certain mieux dans des cas très graves d'automutilation. L'affaire du *packing*, qui a donné lieu à une plainte déposée par une association de parents d'autistes particulièrement militante [5.5], illustre sans doute aussi – au-delà de l'efficacité douteuse d'une technique assez choquante – l'intensité des conflits entre les parents d'autistes et un pouvoir médical qui a trop longtemps abusé de sa position de force.

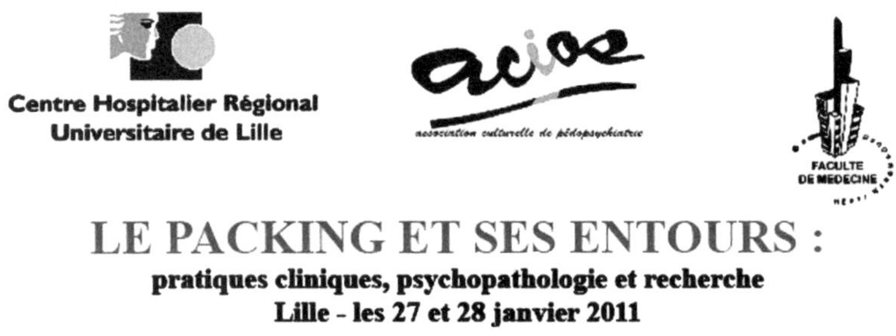

Figure 12. Annonce d'un colloque sur le *packing* (présenté comme une pratique reconnue).

Une pilule contre l'autisme

À l'opposé de cette approche – sans qu'elle soit nécessairement plus adéquate –, on retrouve une tendance lourde de nos sociétés, le recours à la pilule. Compte tenu du nombre de médicaments psychoactifs existants (et des intérêts commerciaux en jeu), l'emploi de telles molécules pour traiter l'autisme est très répandu : aux États-Unis, plus de la moitié des enfants autistes sont traités par des antipsychotiques, des stimulants ou des antidépresseurs. Le composé le plus couramment employé est la rispéridone (Risperdal), un antipsychotique qui est approuvé pour cet usage aux États-Unis par la Food and Drug Administration (FDA) et a également reçu son autorisation de mise sur le marché (AMM) en France. Des psychostimulants comme le méthylphénidate (Ritaline) ou des inhibiteurs sélectifs de la recapture de la sérotonine comme le citalopram (Seropram), un antidépresseur qui modifie le métabolisme de cette molécule dans le cerveau, sont assez souvent employés. Entendons-nous bien : ces différents traitements visent à atténuer les symptômes les plus gênants de l'autisme, non à « guérir » cette affection. Ceux qui « marchent » le mieux, comme la rispéridone, peuvent néanmoins être utiles en facilitant l'intégration scolaire et sociale de ces enfants, et en améliorant ainsi leur insertion dans la société et leurs perspectives d'autonomie. C'est sans doute ici que les études génétiques pourraient apporter une contribution notable : comme les causes de l'autisme sont sans doute multiples et différentes d'un enfant à un autre, une fois que les circuits majeurs seront identifiés, un test génétique pourrait indiquer lequel de ces médicaments est le plus susceptible d'avoir un effet chez un enfant donné. En attendant, on procède par essais successifs afin de trouver le produit et la dose qui combinent la meilleure efficacité avec le minimum d'effets secondaires.

L'illusion des régimes

Des stéréotypes alimentaires très marqués sont courants chez les autistes, ce qui a sans doute encouragé les hypothèses incriminant – sans données réellement probantes – tel ou tel composant nutritionnel. Nous avons déjà évoqué le rôle supposé du gluten ou de la caséine, mais bien d'autres étiologies de ce type ont été proposées : lacune en vitamine B6, problèmes immunitaires et leur corollaire, traitement par injection d'immunoglobulines, et bien d'autres. Cela a stimulé l'activité de nombreux industriels pour proposer des régimes spécifiques ou des suppléments alimentaires (*figure 13*) allant de la vitamine B6 associée au magnésium à la mélatonine en passant par les acides gras omega-3, la métallothionéine ou le zinc, pour n'en citer que quelques-uns. Dans aucun cas il n'existe de données scientifiques sérieuses démontrant l'efficacité de ces régimes. On peut encore citer le refus de toute vaccination, les cures d'oxygène hyperbare ou le traitement par des molécules chélatrices (censées éliminer des métaux lourds qui seraient la cause de l'autisme). N'oublions pas la médecine chinoise, parmi les méthodes inefficaces – mais non sans danger – auxquelles adhèrent nombre de parents pour le plus grand bien du chiffre d'affaires des entreprises concernées. Un site commercial, par exemple, n'hésite pas à proposer d'« Arrêter l'autisme immédiatement en employant les secrets de la médecine biomédicale[27] »… et à suggérer pêle-mêle régimes, suppléments alimentaires, détoxification, oxygène hyperbare, traitement de la thyroïde et renforcement du système immunitaire.

27. http://www.autismtreatmentmanual.com/

Figure 13. « Des régimes spéciaux pour des enfants spéciaux », l'autisme est explicitement mentionné en sous-titre : « Comprendre et mettre en œuvre des régimes spéciaux pour aider au traitement de l'autisme et des troubles du développement apparentés ». En haut à gauche : Gluten, caséine, systèmes de détoxification, autisme... [5.6].

Les thérapies comportementales : une efficacité modérée mais réelle

Il existe aujourd'hui de nombreux schémas de thérapie comportementale visant à améliorer les symptômes et les possibilités d'insertion sociale des enfants autistes. Dans tous les cas la précocité de l'intervention est considérée comme essentielle. Contrairement aux approches psychanalytiques, médicamenteuses ou alimentaires, beaucoup de ces approches ont fait l'objet d'une évaluation sérieuse selon les critères de la « médecine fondée sur les preuves » (*evidence-based medicine*), ce qui suppose la réalisation d'essais cliniques répondant à des conditions précises. On doit pour cela former deux groupes d'enfants (expérimental et témoin) de caractéristiques équivalentes sur la base d'un diagnostic effectué par des experts extérieurs. On applique alors le traitement à tester ou le traitement standard, et les résultats au bout d'un an, par exemple, sont évalués « en aveugle », par des cliniciens ignorant l'appartenance de l'enfant à l'un ou l'autre groupe. Enfin, les données obtenues sont traitées pour déterminer leur validité statistique (le nombre d'enfants étudiés est-il suffisant pour affirmer que les différences observées ne sont pas dues au hasard ?).

Les deux principaux programmes (il en existe de nombreuses variantes) sont le programme Teacch et le programme Aba. J'en donne rapidement les grandes lignes. Teacch[28] vise à former les parents comme cothérapeutes de leur enfant, fait appel à l'analyse appliquée du comportement, et comporte un enseignement très structuré dans lequel les environnements sont organisés au moyen d'informations visuelles concrètes (mots, images, photos, objets). Il cherche à favoriser les apprentissages et l'autonomie de l'enfant dans cet environnement très cadré, puis à transposer ces acquis dans un milieu plus normal, notamment au domicile du sujet. L'inspiration générale de Teacch est de mener une interven-

28. *Treatment and education of autistic and communication handicapped children*, désignation naturellement choisie pour que ses initiales rappellent le verbe « to teach », éduquer, instruire.

tion de nature développementale, individualisée pour favoriser les apprentissages en partant des capacités existantes, et prévue pour être prolongée tout au long de la vie. Plusieurs études récentes indiquent un effet positif du programme Teacch, mais il faut reconnaître qu'elles comportent des faiblesses méthodologiques (nombre d'enfants trop faible, évaluations pas toujours réalisées en aveugle) qui ne permettent pas de les considérer comme absolument probantes.

Le programme Aba (*Applied behaviour analysis*), lui, est clairement d'inspiration comportementaliste. Il propose d'analyser les comportements de l'enfant afin de développer des stratégies visant à les modifier – stratégies qui sont de l'ordre du renforcement positif (récompense en cas de succès), dans un cadre souple faisant plus ou moins appel à l'initiative de l'enfant. Il s'agit là d'une intervention intensive, mise en œuvre précocement et de manière assidue (on parle de 30 heures par semaine) et durant deux à trois ans – souvent prise en charge pour l'essentiel par les parents en l'absence de structures adaptées. L'efficacité est mieux démontrée que celle du programme précédent, même si là aussi quelques critiques peuvent être émises sur la méthodologie de certaines études. L'ensemble de ces études de validation est rapporté dans le rapport au ministère déjà cité [5.1].

On peut reprocher à ces approches comportementales d'être par trop intensives, et parfois de ne pas accorder suffisamment d'importance à la relation thérapeutique et à l'enfant en tant qu'individu unique. Elles semblent néanmoins présenter une certaine efficacité, en termes d'adaptation sociale et scolaire, sans prétendre « guérir l'autisme » ni donner de bons résultats chez tous les enfants. Dans tous les cas, la participation des parents, l'individualisation des thérapies et leur précocité apparaissent essentiels. Pour leurs adversaires – et notamment les tenants des approches psychanalytiques pures et dures – ces méthodes relèvent en fait du conditionnement et ne font que masquer un symptôme qui réapparaîtra forcément ailleurs et sous une autre forme. On peut ne pas être convaincu par ces critiques, d'autant que ceux qui les formulent refusent énergiquement toute forme d'évaluation de leur propre pratique, arguant de l'irréductible singularité de chaque patient et de la stricte individuation de son rapport avec le thérapeute…

Pas de miracle… mais des interventions qui peuvent être utiles

On voit donc que, contrairement aux espoirs des parents et aux affirmations de certains charlatans, il n'existe pas de recette magique pour « guérir » l'autisme. Dans la mesure où il s'agit d'un trouble neurologique affectant la mise en place d'un ensemble de mécanismes cérébraux, ce n'est malheureusement pas étonnant. Mais cela n'exclut nullement que l'on puisse atténuer les symptômes, aider ces enfants à développer différentes compétences, et améliorer leur insertion sociale. Encore faut-il intervenir très tôt (d'où l'intérêt d'un diagnostic précoce, y compris par la voie génétique si cela devait s'avérer possible) et de manière adaptée. De manière adaptée, c'est-à-dire sans s'enfermer dans des approches psychanalytiques fondées sur une étiologie fantaisiste, ni rejeter la « faute » sur les vaccins, l'aluminium ou le gluten, toutes hypothèses qui n'ont pas résisté à des études sérieuses. Une prise en charge attentive et précoce mettant l'accent sur l'acquisition de comportements adaptés et de compétences utiles pour la socialisation, accompagnée éventuellement d'une médication sans excès pour limiter les symptômes les plus déstabilisants comme la tendance à l'automutilation, voilà ce qui semble offrir les meilleures chances de succès. Avec la précocité, le caractère individualisé de l'intervention semble essentiel – et le progrès des connaissances permettra, espérons-le, de mieux distinguer les différents types d'autisme et de savoir à l'avance quelle thérapie comportementale et éventuellement quels médicaments sont les mieux à même de convenir à un enfant donné.

6

IntegraGen contre-attaque

Une critique sévère, une réaction judiciaire

Je n'avais plus entendu parler d'IntegraGen, ni d'ailleurs, malgré mon implication dans le milieu de la biotechnologie et du diagnostic[29], d'un quelconque « test génétique de l'autisme »… jusqu'à ce jour de décembre 2006 où je reçois un coup de téléphone d'une journaliste m'annonçant que son magazine est attaqué en diffamation par IntegraGen. La revue en cause s'appelle *Déclic*, c'est un mensuel destiné aux parents d'enfants handicapés et publié sous l'égide de l'ONG Handicap International. J'ai bientôt le « papier » sous les yeux : paru dans le numéro de septembre-octobre 2006, dans la rubrique « L'Essentiel », il est signé « pour la rédaction de *Déclic* » par la journaliste qui m'a appelé, Sylvie Boutaudou. C'est donc en quelque sorte un éditorial, censé refléter la position du journal. Article choc et positions vigoureuses :

29. Consultant pour trois entreprises de biotechnologie travaillant dans le secteur du diagnostic, j'assurais pour elles une « veille technologique » dans ce domaine, grâce à la consultation des revues scientifiques officielles, à ma participation à divers congrès, et à la lecture assidue de « lettres d'information » spécialisées.

intitulé « À qui profite le crime ? », le texte résume l'annonce d'IntegraGen, rappelle les réactions négatives (« indignées ») de l'Inserm et de plusieurs associations, puis affirme que cette communication repose sur des bases scientifiques erronées. Il évoque ensuite les parents qui seront faussement rassurés (les « faux négatifs ») et les « milliers de petits étiquetés autistes à tort et regardés comme tels par leur famille » (les « faux positifs »). L'article affirme ensuite que les responsables d'IntegraGen ne se préoccupent nullement de ces aspects, puis accuse les scientifiques de l'entreprise d'enjoliver leurs résultats, et à la limite de biaiser les statistiques. Pour faire bonne mesure, une illustration montre un tube de médicament dans lequel est glissé un billet de banque (en dollars). Un éditorial choc qui a effectivement dû faire grincer des dents les responsables de la firme…

Je suis un peu embarrassé. Sur le fond, bien sûr, je suis d'accord avec cet éditorial, et je pense que l'annonce du test faite par IntegraGen à l'été 2005 était irresponsable – d'ailleurs nous sommes maintenant fin 2006, un an et demi plus tard, et le test n'a toujours pas été commercialisé. Mais le texte me semble inutilement polémique, les faits parlent d'eux-mêmes, et il n'était pas vraiment nécessaire, me semble-t-il, de mettre en cause l'honorabilité des chercheurs de l'entreprise. Quant aux millions de dollars qu'accumulerait ainsi IntegraGen, je connais trop la vie des « start-up en biotech » (nous y reviendrons), toujours sur la corde raide et, neuf fois sur dix, promises à la faillite, pour donner beaucoup de crédit à cet argument. Cela sent l'article « coup de sang », rédigé d'une traite sous le choc de l'indignation, et publié aussitôt. Il est certes bon d'écrire rapidement à partir d'un ressenti fort, cela donne des textes nerveux et dynamiques – mais il est aussi essentiel de prendre le temps de « dormir dessus », de les relire à froid et de se demander si toutes les expressions sont bien pertinentes. Ce temps de recul n'a visiblement pas été pris par la journaliste ni par sa rédaction. Cela dit, dans cette bataille, je serai naturellement du côté de *Déclic*.

Un enjeu très lourd

D'autant plus que les demandes faites par IntegraGen (*figure 14*) me paraissent exorbitantes : condamnation pour diffamation de la journaliste, du directeur de publication et, solidairement, de Handicap International, publication du jugement dans *Déclic* et cinq autres journaux, amende de 10 000 euros et surtout dommages-intérêts à hauteur de 100 000 euros. 100 000 euros, plus les frais de justice, c'est assez pour casser les reins à une petite revue, et une telle sanction pécuniaire aboutirait à museler toute critique envers IntegraGen – et pourrait intimider l'ensemble de la presse vis-à-vis des sociétés de biotechnologie. La liberté d'expression est vulnérable à de telles attaques qui visent la presse en un point sensible, le tiroir-caisse de publications qui tirent souvent le diable par la queue quand elles ne sont pas en déficit chronique. Nous en avons eu une illustration flagrante au cours des vingt dernières années avec le combat des industriels du tabac contre la divulgation des liens – maintenant bien établis – entre tabagisme et cancer.

Vu l'assignation à jour fixe délivrée le 27 novembre 2006 à Jean-Noël SERSIRON, directeur de la publication du magazine DÉCLIC, à Sylvie BOUTAUDOU, journaliste, et à l'association HANDICAP INTERNATIONAL, en qualité de civilement responsable, à la requête de la SA INTEGRAGEN qui demande au tribunal, au visa des articles 23, 29 alinéa 1 et 32 alinéa 1 de la loi du 29 juillet 1881 :

- de dire que Jean-Noël SERSIRON et Sylvie BOUTAUDOU se sont rendus coupables de diffamation publique à son égard à la suite de la publication d'un article en page 9 du numéro 113 du magazine DÉCLIC, daté de septembre-octobre 2006,
- de dire l'association HANDICAP INTERNATIONAL civilement responsable de ses préposés,
- de condamner solidairement les trois défendeurs à lui verser la somme de 100.000 € de dommages-intérêts en réparation de son préjudice,
- à titre de réparation complémentaire, d'ordonner la publication du jugement, d'une part, dans son intégralité et sous astreinte dans le magazine DÉCLIC et, d'autre part, dans cinq journaux de son choix, aux frais des défendeurs,
- de condamner ces derniers au paiement de la somme de 10.000 € en application de l'article 700 du nouveau Code de procédure civile,
- d'ordonner l'exécution provisoire,

Figure 14. Assignation de *Déclic* et Handicap International par IntegraGen.

Cancer et industrie du tabac : un exemple à méditer

Quelques lignes pour rappeler ce combat, largement gagné par l'industrie : même si elle a finalement perdu la partie, elle a réussi à retarder d'une ou deux décennies la prise de conscience, et engrangé dans l'intervalle des profits considérables tout en causant des millions de décès[30]. Nous savons bien aujourd'hui que le fait d'être fumeur multiplie par dix

30. Selon l'OMS, le tabac est responsable de 5 millions de décès par an.

ou vingt le risque de développer un cancer du poumon, mais la première étude sérieuse et à suffisamment grande échelle date de 1950. À l'époque – et dans la foulée de la deuxième guerre mondiale, où les cigarettes faisaient partie de l'ordinaire de la troupe –, presque tout le monde (chez les hommes en tout cas) était fumeur, il est aisé de le constater en visionnant les films de ces années 1950. Il était donc difficile de comparer les taux de cancer entre fumeurs et non-fumeurs, mais on constatait déjà qu'il y avait beaucoup plus de gros consommateurs (plus de 20 cigarettes par jour) parmi les malades que chez les témoins. Au cours des années suivantes, les données scientifiques et épidémiologiques n'ont fait que se confirmer, tandis que l'incidence du cancer du poumon augmentait en flèche chez les hommes puis, quelques années après, chez les femmes : elles s'étaient mises elles aussi à la cigarette, encouragées par des campagnes de publicité ciblées. Les industriels du tabac ont employé tous les moyens pour dissimuler cet enjeu sanitaire (*figure 15*) et pour jeter le doute sur les travaux scientifiques en finançant des études « bidon », ont corrompu des politiques pour éviter des mesures législatives, et empêché la diffusion des informations allant à l'encontre de leurs intérêts… Un film anglais réalisé pour la télévision en 1976, intitulé *Death in the West – the Marlboro Story*, montrait le calvaire de six véritables cow-boys, atteints d'emphysème ou de cancer après une vie de fumeur ; il connut un grand succès dans son pays d'origine. Lorsqu'il fut question de le distribuer aux États-Unis, la compagnie Philip Morris intenta une action contre son producteur (Thames Television) et réussit à empêcher toute diffusion dans ce pays – jusqu'à l'introduction d'une copie pirate en 1981. Je ne suggère naturellement pas que la morale d'IntegraGen soit aussi élastique que celle de

Philip Morris – mais cet exemple tristement célèbre montre que l'enjeu de ce procès en diffamation est important et dépasse largement l'affaire en cours.

Figure 15. L'exemple du médecin (campagne publicitaire menée de 1946 à 1952) ! En bas à gauche : « Le choix du docteur est le choix de l'Amérique »...

Une campagne médiatique aux échos limités

Je tente donc de faire un peu de bruit autour de cette histoire – afin, idéalement, d'amener IntegraGen à retirer sa plainte. Je retrouve à cette occasion un collègue de l'Institut Pasteur, Michel Favre, directeur de laboratoire, parent d'un jeune adulte autiste et vice-président de l'association Pro Aid Autisme. Il mobilise ses relais associatifs, je contacte le comité Ermes (comité d'éthique de l'Inserm) qui a déjà rédigé en mai 2006 un avis critiquant l'annonce d'IntegraGen, nous tentons (sans succès) de faire paraître une tribune dans la presse quotidienne, et je publie dans *Médecine/sciences* en février 2007 un article intitulé (un peu maladroitement) « L'autisme d'une entreprise », faisant état du procès, et appelant la communauté scientifique à se mobiliser sur ce cas [6.1]. Mais, je dois le reconnaître, notre campagne a peu d'écho. Il faut dire que l'on est en pleine préparation des élections présidentielles et que le match « Ségolène contre les éléphants du PS », puis « Ségolène contre Sarkozy » mobilise la presse et le public, quasiment à l'exclusion de tout autre thème. Il s'avère donc bien difficile de donner à notre affaire le retentissement qu'elle mérite.

Citation à témoin et compte-rendu d'audience

Fin janvier 2007, je reçois par huissier une « citation à témoin » pour l'audience prévue le 12 février. Malheureusement, cette date tombe au milieu d'un séjour professionnel en Extrême-Orient, une réunion prévue de longue date d'un comité auquel j'appartiens, un déplacement que je ne peux guère annuler surtout à la dernière minute (l'assignation arrive le 29 janvier alors que mon avion décolle le 3 février). Je fais donc, à mon grand regret, faux bond à *Déclic* et laisse Michel Favre (l'autre témoin cité) seul face à IntegraGen et à ses avocats.

À mon retour, le 16, Michel Favre me transmet un compte-rendu de l'audience établi par la directrice de la rédaction de *Déclic* (qui y a assisté en observatrice) et complété par ses propres impressions. L'audience a été frustrante… comme elles le sont souvent, paraît-il. De manière surprenante, l'avocat d'IntegraGen s'est surtout livré à une attaque en règle contre l'Inserm (Institut national de la santé et de la recherche médicale), qui n'est pourtant pas partie prenante dans ce procès, sinon du fait que Michel Favre appartient à son personnel. Les « conclusions » préalablement communiquées à *Déclic* par cet avocat (cela fait partie de la procédure judiciaire) avaient d'ailleurs pour titre « Affaire IntegraGen contre l'Inserm » – véritable acte manqué ! Il semble en effet que les responsables de l'entreprise aient une dent contre cet organisme dont (d'après eux), les chercheurs « ne trouvent pas » et sont donc jaloux de ceux de l'industrie qui, eux, obtiennent des résultats. C'est un exemple assez classique des tensions entre chercheurs du privé et du public, les premiers critiquant la lenteur et le manque d'esprit pratique des seconds tandis que ces derniers estiment que leurs collègues en entreprise passent trop vite aux applications et bâclent les étapes de vérification. De plus, l'Inserm est, à cette époque, sur la sellette en tant qu'institution. En effet, à côté de ses deux cents laboratoires où travaillent des milliers de chercheurs et de techniciens, cet organisme de recherche a aussi un rôle d'évaluation et d'orientation. Il remplit notamment cette mission en élaborant des « expertises collectives », documents rédigés par un groupe de spécialistes et faisant le point, à partir des publications internationales, sur un domaine de recherche touchant à la santé publique. Or, l'année précédente, l'Inserm, à la demande de la Caisse nationale d'assurance maladie, a effectué une expertise collective sur les « troubles de la conduite chez l'enfant et l'adolescent ». Ce rapport, dont le texte est librement accessible [6.2], donne une place prépondérante à une conception comportementaliste et organique de ces troubles, conformément à la vision qui domine dans le monde scientifique et médical international. Il a soulevé un tollé en France parmi les tenants des approches exclusivement psychologiques et psychanalytiques, qui l'ont accusé – sur la base d'une lecture partielle et partiale – de préconiser « le dépistage du trouble des conduites chez l'enfant dès le plus jeune âge », en s'interrogeant « Faudra-t-il aller dénicher à la crèche les voleurs de cubes ou les babilleurs mythomanes ? », selon les termes de la pétition lancée par le mouvement « Pas de 0 de conduite pour les enfants de trois ans ». Ce collectif, virulent et très présent dans les médias, a mené de nombreuses actions contre « les dérives des pratiques de soins, notamment psychiques, vers des fins normatives et de contrôle social » et a amené le ministère de la Santé à désavouer dans une large mesure l'Inserm. Il est donc de bon ton, en ce début de 2007, de critiquer cet organisme, qui semble avoir perdu la bataille médiatique.

Au cours de cette audience, Michel Favre a décrit la situation et critiqué l'annonce d'IntegraGen, en des termes qui correspondent à ceux que j'aurais employés si j'avais pu être présent – nos visions sont très proches. Le témoin d'IntegraGen, Jorg Hager (directeur de la recherche au sein de l'entreprise), a dénoncé l'obscurantisme français à propos des tests de dépistage. Il a insisté sur le fait que le test annoncé visait non à diagnostiquer l'autisme mais à évaluer le risque de maladie (on est là sur un terrain glissant, et les termes du communiqué initial de 2005 étaient plus qu'ambigus sur ce point), sur l'intérêt d'un tel test, et sur l'hostilité (supposée) de l'Inserm envers l'entreprise. L'avocat d'IntegraGen, après avoir lui aussi critiqué l'Inserm, a dénoncé la « mauvaise foi » de l'article de *Déclic* (en s'appuyant notamment sur la confusion entre *home test* et *home brew*, reproduite dans cet article), la « bêtise crasse » d'un auteur « analphabète ». En réponse, l'avocat de *Déclic* a repris les termes des communiqués d'IntegraGen en 2005 (reproduits au premier chapitre de ce livre, mais vite remplacés par des formulations bien plus prudentes dès 2006) pour montrer qu'il y avait bien eu annonce d'un test et suggestion d'une application très large, justifiant ainsi sur le fond l'article de *Déclic*. Il a aussi fait le lien entre cette annonce très optimiste et une levée de fonds de 8 millions d'euros conclue par IntegraGen le 17 novembre 2005. Le verdict est annoncé pour le 26 mars, et Michel Favre n'est guère optimiste sur son contenu.

Un jugement sévère

Pessimisme justifié, car, le 26 mars 2007, *Déclic* est bel et bien condamné pour diffamation (*figure 16*). Certes, il n'est plus question de 100 000 euros de dommages et intérêts, mais seulement d'un euro symbolique, assorti de la publication du jugement dans *Déclic* et dans un autre journal. Financièrement, la sanction est relativement légère, mais elle constitue un précédent inquiétant : une société de biotechnologie a porté plainte contre une ONG internationale et son journal pour un article à son sujet – et a obtenu gain de cause. C'est de mauvais augure pour la liberté de critique dans un domaine où les annonces prématurées tout comme les problèmes éthiques ne manquent pas. Michel Favre et moi-même espérons que Handicap International va faire appel, l'affaire nous semble jouable ; nous rassemblons plusieurs personnalités du monde de l'autisme [6.3] pour un nouvel appel qui sera publié dans la revue *Médecine/sciences* au mois de mai… mais l'ONG décide finalement de ne pas faire appel, redoutant sans doute une pénalité plus lourde ou une publicité négative. On peut donc considérer qu'IntegraGen a gagné cette bataille juridique ; pour autant, le test en question, annoncé pour début 2006, n'est toujours pas commercialisé en ce printemps 2007…

PAR CES MOTIFS

LE TRIBUNAL, statuant publiquement par jugement contradictoire en premier ressort,

Déclare nulle l'assignation délivrée à Sylvie BOUTAUDOU,

Condamne in solidum Jean-Noël SERSIRON et l'association HANDICAP INTERNATIONAL à payer à la société INTEGRAGEN un euro à titre de dommages-intérêts,

Ordonne la publication, aux frais de Jean-Noël SERSIRON et de l'association HANDICAP INTERNATIONAL, dans le mois suivant la date de la signification du présent jugement, du communiqué suivant :

Par jugement du 26 mars 2007, le tribunal de grande instance de PARIS (chambre civile de la presse) a condamné Jean-Noël SERSIRON, directeur de publication du magazine DÉCLIC, et l'association HANDICAP INTERNATIONAL pour avoir diffamé publiquement la société INTEGRAGEN, en publiant, dans l'édition de septembre-octobre 2006 de ce journal, un article intitulé "A qui profite le crime ?", la mettant en cause.

1) dans le magazine DÉCLIC, en page intérieure, cette publication devant paraître en dehors de toute publicité en caractères gras, noirs sur fond blanc, de 0,2 cm de hauteur, dans un encadré et sous le titre "*DECLIC condamné*", lui-même en caractères de 0,5 cm,

2) dans un autre organe de presse du choix de la société INTEGRAGEN dans la limite de 3.000 € TTC,

Condamne in solidum Jean-Noël SERSIRON et l'association HANDICAP INTERNATIONAL à payer à la société INTEGRAGEN la somme de 3.500 € en application de l'article 700 du nouveau Code de procédure civile,

Prononce l'exécution provisoire,

Déboute les parties du surplus de leurs demandes,

Condamne in solidum Jean-Noël SERSIRON et l'association HANDICAP INTERNATIONAL aux dépens, qui pourront être recouvrés par Me Christian CHARRIERE-BOURNAZEL, avocat, dans les conditions de l'article 699 du même code.

Figure 16. Le jugement rendu le 26 mars 2007 (la nullité de l'assignation pour Sylvie Boutaudou, auteur de l'article, est due à un vice de forme et ne change rien sur le fond du jugement).

7

Une invitation inattendue

Sur ces entrefaites, je reçois, début mai 2007, un courrier électronique de Jan Mous, PDG d'IntegraGen, m'invitant à lui rendre visite afin de m'informer sur les travaux et les essais cliniques de l'entreprise concernant l'autisme[31]. J'accepte, bien sûr, et profite d'un voyage à Paris pour aller rencontrer Jorg Hager, directeur scientifique, et ses collègues dans les locaux de l'entreprise, à la Génopole d'Évry.

Le cadre privilégié de la Génopole

La Génopole (*genopolis*, ville du génome) d'Évry est une des grandes réussites de la biotechnologie française [7.1]. Elle a été formellement instituée en 1998, mais elle était préparée et impulsée depuis plusieurs années par l'Association française contre les myopathies (AFM, organisatrice du

31. Termes exacts de l'invitation : « *... so that we can give an update about our scientific work as well as the status of our international clinical trials for the autism genetic predisposition* », et Jan Mous d'ajouter : « *Better information leads to better judgment is my credo.* » Sous-entendu : si Jordan nous a critiqués, c'est qu'il est mal informé !

Téléthon annuel). Dès 1992, l'AFM avait créé à Évry un important laboratoire, le Généthon, qui joua un rôle majeur dans les débuts du programme Génome en établissant les premières cartes précises de l'ensemble de notre ADN. Le Généthon a ensuite été réorienté vers des recherches en thérapie génique, conformément à la stratégie de l'AFM ; quant à la Génopole, elle est devenue un conglomérat dynamique regroupant laboratoires de recherche et entreprises dans le domaine de la génétique et de la génomique*. Elle a même essaimé quand, en 1999, Claude Allègre, alors ministre de l'Éducation nationale et de la Recherche, a voulu reproduire ce schéma en créant plusieurs Génopoles en région – y compris celle de Marseille-Nice dont j'ai coordonné le projet et que j'ai dirigée durant ses premières années. Mais seule Évry a réussi à réellement développer la symbiose entre recherche et entreprises. Les autres Génopoles ont conservé une dominante « académique » : elles ont favorisé les regroupements de laboratoires publics et leur ont permis d'accéder à des technologies de pointe, mais leur impact sur le tissu économique est resté limité. Néanmoins, un des objectifs de toute Génopole est de favoriser la création d'entreprises à partir des recherches menées dans les laboratoires académiques, et cela se fait généralement selon le modèle de la start-up en biotech[32] – c'est le cas d'IntegraGen, petite entreprise fondée en 2001 et qui, à l'époque où je la visite, regroupe une trentaine de personnes.

32. Que l'on peut caractériser comme une petite entreprise créée pour valoriser une innovation scientifique en biologie, généralement en liaison avec un laboratoire public mais avec le soutien d'investisseurs privés.

L'industrie de la santé

Les start-up en biotech, malgré leur petite taille et leur fragilité, sont un élément essentiel de ce qu'on peut appeler l'industrie de la santé. Industrie importante, puisque les dépenses médicales représentent plus de 10 % du produit intérieur brut (PIB)[33] dans les pays développés... Pour donner un point de comparaison, l'ensemble de l'industrie, au sens classique de fabrication de biens, compte en France pour 20 % du PIB – le secteur automobile pour moins de 1 %. Le domaine de la santé était traditionnellement dominé par l'industrie pharmaceutique, les *Big Pharma*, puissantes firmes comme Bayer en Allemagne, Eli Lilly aux États-Unis, Rhône-Poulenc en France[34]. En leur sein, des armées de chimistes synthétisaient d'innombrables molécules (souvent en partant de produits naturels comme la salicine du saule pour l'aspirine), modifiaient leur structure pour augmenter leur efficacité ou diminuer les effets secondaires, et en testaient l'effet sur des milliers de rats. Finalement, après élimination de la plupart de ces composés et essais cliniques sur l'homme, quelques-uns étaient approuvés et commercialisés – en espérant qu'ils puissent trouver un large marché et devenir des *blockbusters*, des produits dont les ventes mondiales dépassent le milliard de dollars, comme le Viagra, le Limitor (un anticholestérol) ou le Celebrex (un anti-inflammatoire).

33. PIB : valeur totale de la production interne de biens et services dans un pays donné au cours d'une année donnée par les agents résidant à l'intérieur du territoire national. La définition du PNB est légèrement différente et tient compte de la nationalité des entreprises.

34. Pour citer quelques noms connus qui ont souvent changé ou disparu dans une frénésie de fusions et de restructurations.

Depuis deux ou trois décennies, le modèle de la Big Pharma rencontre de plus en plus de difficultés. Le coût de mise au point d'un nouveau médicament atteint des sommets, et est actuellement estimé à près de 1 milliard de dollars, si l'on comptabilise les multiples produits qui se révèlent inefficaces ou trop toxiques, et les dépenses très élevées dues aux essais cliniques qui doivent porter sur des milliers de personnes. La découverte d'une nouvelle molécule active fait de plus en plus appel à la connaissance précise des mécanismes biologiques, plutôt qu'à l'habileté des chimistes, et les lourdes structures de recherche des Big Pharma, empêtrées dans leur organisation rigide, ont bien du mal à prendre ce virage essentiel : en 2009, plus de la moitié des nouveaux médicaments mis sur le marché provenaient de la biologie, et la majorité d'entre eux avaient été découverts par de petites entreprises.

La vie chaotique d'une start-up

Les start-up, petites structures légères et dynamiques, jouent dans ce contexte un rôle essentiel. Elles voient généralement le jour à la suite d'une découverte effectuée dans un laboratoire académique, lorsque la compréhension d'un processus biologique, la caractérisation d'une molécule intermédiaire jusque-là inconnue, la mise au point d'une approche technique originale semblent ouvrir d'intéressantes possibilités d'application. Alors, après négociation avec son organisme de recherche[35], un chercheur va s'associer avec un

35. Qui participe aux éventuelles retombées commerciales puisque c'est lui qui a financé les recherches en amont.

manager (c'est un tout autre métier) pour monter un projet d'entreprise. Une loi, elle aussi à l'initiative de Claude Allègre, a clarifié en 1999 les conditions d'un tel essaimage ; elle permet notamment au chercheur de ne pas perdre son poste dans son organisme de recherche et d'y revenir, après plusieurs années, en cas d'échec du projet. Car le succès est loin d'être garanti ! Il faut d'abord obtenir quelques subsides pour financer le montage d'un véritable projet d'entreprise, fondé sur une étude de marché et une évaluation réaliste de ce que peut apporter la nouvelle molécule ou le nouveau procédé : ce travail est souvent réalisé dans un « incubateur d'entreprises » qui fournit aux créateurs un bureau ainsi qu'un soutien juridique et logistique. Une fois le projet bien défini, on rédige un business plan, un schéma détaillant les étapes grâce auxquelles la nouvelle structure va prendre sa place sur le marché et devenir rentable, et l'on part à la recherche d'investisseurs. Il faut généralement plusieurs millions d'euros pour créer une entreprise, louer des locaux, les équiper, recruter quelques collaborateurs. C'est là le rôle de fonds d'investissement spécialisés, les « capital risqueurs » qui, s'ils trouvent le projet convaincant, vont miser sur lui. Il s'agit bien de capital-risque, car l'expérience montre que ces start-up vont être déficitaires durant plusieurs années, au cours desquelles elles vont « brûler » des millions d'euros. En fait, la majorité d'entre elles fait finalement faillite, et les investisseurs perdent leur mise tandis que le personnel est licencié ; quelques-unes survivent et vivotent, arrivant tout juste à équilibrer leurs comptes, sans espoir de rembourser un jour leurs bailleurs de fonds – dans le milieu du *business*, on les appelle souvent les *walking dead*, les mortes vivantes. Une ou deux, enfin, sur une dizaine au départ, vont toucher le *jackpot*, réussir une entrée en bourse qui leur apporte des fonds importants, gagner beaucoup d'argent en vendant très cher un produit qui constitue une véritable avancée médicale, ou encore être rachetées à prix d'or par une Big Pharma qui acquiert de cette manière des produits innovants et des compétences pointues ainsi qu'un dynamisme qui a déserté sa propre structure. Dans ces cas, le capital-risqueur récupère dix ou vingt fois sa mise de départ, et compense ainsi les pertes subies par ailleurs.

La vie d'une start-up en biotech est donc loin d'être un long fleuve tranquille. C'est au contraire une course permanente contre la montre, afin de tenir les échéances (souvent optimistes) qui ont été annoncées dans le business plan afin d'allécher les investisseurs. C'est aussi un stress omniprésent, lié au déficit chronique des premières années : beaucoup de ces firmes n'enregistrent aucune rentrée d'argent durant trois ou quatre ans puisqu'elles sont en train de mettre au point une molécule ou un procédé à partir des résultats préliminaires du laboratoire académique. S'y ajoutent les incertitudes sur l'avenir à court terme[36], et la pression constante des bailleurs de fonds, toujours présents au conseil d'administration et impatients de voir le projet déboucher – c'est-à-dire commencer à « faire du chiffre » (d'affaires, bien sûr).

Retour à IntegraGen

Ce 11 mai 2007, me voici donc à IntegraGen [7.2]. Locaux clairs et fonctionnels, sans luxe inutile, où j'entrevois les

36. J'ai travaillé comme consultant pour plusieurs de ces start-up : aucune n'était assurée d'exister encore un an plus tard.

appareillages classiques de la recherche en génomique, machines à séquencer l'ADN, systèmes d'analyse et, bien sûr, ordinateurs. Accueil poli, presque chaleureux : il me semble que je suis perçu plus comme un collègue avec lequel on veut éclaircir un malentendu que comme un adversaire. Il est vrai qu'au fond nous sommes du même monde, celui de la recherche en génétique moléculaire, et que mes interlocuteurs (notamment Jorg Hager, directeur scientifique d'origine allemande, qui joue le rôle principal) sont plus des chercheurs que des businessmen. D'ailleurs, je les avais déjà rencontrés, au début de l'année, pour discuter de projets pouvant faire l'objet d'une collaboration avec une entreprise néerlandaise dont je suis conseiller scientifique : ces contacts n'avaient pas abouti, mais nous avaient permis de faire connaissance. On me confie quand même qu'IntegraGen avait envisagé de m'attaquer en diffamation moi aussi, en raison de mon article dans *Médecine/sciences* en octobre 2005, mais que cela n'avait pas été possible pour une question de délai : une telle action ne peut être lancée que dans les trois mois après la parution d'un article, or IntegraGen n'a découvert mon « papier » qu'en octobre 2006, en même temps que l'éditorial de *Déclic*. Je fais remarquer que mon texte était certes critique, mais que, rédigé en termes mesurés, il ne mettait pas en cause l'honorabilité des chercheurs de l'entreprise. On m'en donne acte.

IntegraGen et sa technique « maison »

Après ces amabilités, nous passons à une brève présentation de l'entreprise puis à une discussion scientifique. IntegraGen a essaimé en 2001 à partir du Centre national de génotypage, un important laboratoire (public) de la Génopole d'Évry qui se consacre aux analyses génétiques de notre génome, à l'élucidation de maladies héréditaires et à l'étude de la diversité de la population humaine. Essaimage sur la base d'une technique originale, appelée *Identity by descent* (IBD), qui autorise l'isolation des segments d'ADN totalement identiques chez deux individus apparentés (deux membres d'une même fratrie, par exemple). Quelques mots pour faire comprendre ce qu'apporte cette méthode : chacun de nous possède bien sûr les mêmes gènes, disposés de la même manière le long de ses chromosomes. Mais, entre deux personnes prises au hasard, il existe quelques millions de différences réparties le long des trois milliards de bases de notre ADN : nous n'avons pas *exactement* les mêmes gènes, et les petites différences (un G ici au lieu d'un A, par exemple) sont à l'origine de la majeure partie de la diversité humaine : taille, couleur de peau, forme du visage, mais aussi différences de métabolisme et de susceptibilité à certaines maladies. L'idée fondatrice d'IntegraGen est d'employer cette technique pour isoler les régions d'ADN impliquées dans des maladies génétiques, selon le schéma suivant : si l'on applique la technique IBD à l'ADN de deux individus apparentés et souffrant tous deux de l'affection en cause, on isolera sélectivement les zones d'ADN qu'ils ont en commun. Par définition, puisque ces personnes sont atteintes, une ou plusieurs de ces zones (qu'ils ont héritées d'un même ascendant) contient les gènes favorisant l'apparition de la maladie. La méthode IBD à elle seule ne va pas nous mener au « gène de la maladie », car deux personnes apparentées ont forcément de nombreux segments d'ADN en commun, mais, astucieusement appliquée et en complément d'autres techniques, elle peut accélérer l'identification des régions les plus pertinentes.

Objectifs et limites du test mis au point

Nous passons alors au travail effectué sur l'autisme, qui m'est présenté comme un des axes majeurs de l'entreprise. Mes interlocuteurs réaffirment que leur objectif est de mettre au point un test visant à identifier les personnes à risque dans des familles où un cas est déjà apparu, et qu'il ne s'agit en aucun cas d'un test de diagnostic visant à cribler systématiquement l'ensemble des enfants. La précision me semble importante, et je trouve qu'elle aurait gagné à être exprimée plus clairement dans les annonces initiales de l'entreprise, déjà disparues de son site internet. Dans une fratrie où un enfant est affecté, le risque moyen pour les enfants suivants est de l'ordre de 10 % : le but du test serait donc de faire un tri repérant ceux pour lesquels ce risque est plus élevé, afin qu'ils puissent ensuite être examinés par un médecin capable de poser un diagnostic d'autisme – ces spécialistes connaissant bien tous les aspects cliniques de l'affection sont, paraît-il, peu nombreux. Une détection précoce permettrait d'engager une thérapie au plus tôt – et nous avons vu que la rapidité de l'intervention semble essentielle pour son efficacité. Malgré les inconvénients déjà exposés d'une telle procédure (ce que j'ai appelé « étiquetage autoréalisateur »), un test de ce type, s'il est suffisamment performant, peut sans doute se justifier.

Nous abordons alors la stratégie expérimentale et les résultats. Jorg Hager est parfaitement conscient que la génétique de l'autisme est complexe, et qu'une analyse doit être fondée sur l'examen de plusieurs gènes pour espérer atteindre un minimum de validité. La tactique de l'entreprise est donc de combiner en un seul test des gènes pour lesquels existent déjà des données publiées et d'autres, découverts par IntegraGen. Nous rediscutons le cas du gène *PRKCB1*, clairement désigné par l'analyse génétique mais dans lequel aucune mutation délétère n'a été trouvée chez les malades – ce qui est fort gênant pour affirmer son rôle. On m'annonce trois autres gènes identifiés par le même procédé, dont deux sont, comme *PRKCB1*, exprimés dans le cerveau, ce qui rend plus vraisemblable leur implication sans constituer une preuve formelle. Au total, avec les gènes déjà connus par ailleurs, cela fait un « panel » de six gènes à inclure. Reste (comme le reconnaît Hager) à prouver que ce test présente une réelle utilité clinique, c'est-à-dire qu'il est capable de repérer les enfants présentant un risque supérieur à celui de la fratrie. Un essai est en cours, dont les résultats sont attendus fin 2007 – rappelons que nous sommes en mai 2007, et que la commercialisation était à l'origine annoncée pour début 2006. Pour finir, Hager explique que, pour des raisons techniques, ce test ne pourra pas détecter un risque inférieur au risque standard : en termes techniques, il peut donner un résultat de type *rule in*, indiquer qu'un enfant présente un risque plus élevé que la moyenne, mais – comme il n'examine qu'une partie des gènes impliqués dans l'autisme – il ne peut en aucun cas aboutir à un résultat de type *rule out*, indiquant un risque plus faible. Aucun espoir, donc, que le verdict puisse rassurer les parents.

Le doute subsiste

Au terme de cette discussion technique, je reste peu convaincu de l'intérêt de ce test, et il me semble présenter plus d'inconvénients que d'avantages. J'essaie d'amener mes interlocuteurs sur le terrain de l'éthique, car ils ne me semblent pas avoir vraiment conscience de la différence entre un risque de diabète (leur autre grand thème de recherche) et un risque d'autisme. Ce sont là pourtant deux contextes bien distincts. Si une analyse génétique révèle chez un enfant un risque élevé de diabète, il pourra être incité à surveiller son régime alimentaire et son poids, et on pourra suivre de près sa glycémie pour être averti à temps d'un éventuel début de l'affection. Cela ne modifiera pas fondamentalement sa place dans la famille et ne fera pas peser sur lui l'attention inquiète de ses parents. Si en revanche, dans une famille qui vit déjà la tragédie d'un enfant autiste, le petit frère soumis au test génétique se révèle avoir un risque évalué à 35 % (par exemple), il risque fort d'être considéré lui aussi comme autiste. En l'absence d'un critère objectif et probant comme la glycémie, il y a de fortes chances qu'il soit soumis, à titre préventif, à des thérapies qui vont inévitablement le mettre à part et l'isoler de son groupe d'âge. Jorg Hager m'affirme que « les thérapies comportementales ne font pas de mal à l'enfant[37] ». Je n'en suis pas si sûr ! Je ne pense certes pas que ces thérapies soient nuisibles (contrairement à d'autres), mais le fait d'y être soumis de manière intensive n'est pas neutre, surtout si l'enfant a, après tout, 65 % de chances de ne pas être atteint d'autisme.

37. « *Behaviour therapy does not harm the child.* »

On touche là à un problème général dans la compréhension des « prédictions » de la génétique médicale – qui en fait ne prédit pas un destin, mais se contente d'énoncer des probabilités. Car la différence entre probabilité statistique et destin individuel est souvent mal comprise : pour reprendre un thème déjà abordé, ce n'est pas parce que l'on est fumeur que l'on aura forcément un cancer du poumon, et un non-fumeur peut très bien être atteint de cette maladie – même si le risque statistique est bien plus fort dans le premier cas. Ce distinguo est *a fortiori* encore plus délicat s'il s'agit de son propre enfant. Je demande à mes interlocuteurs s'ils ont consulté des sociologues ou des psychologues sur les implications de ce test et, comme je m'y attendais, la réponse est négative.

Nous nous quittons aussi poliment que nous nous sommes rencontrés. Je crois à la bonne foi de mes interlocuteurs et comprends que les accusations *ad hominem* de *Déclic* aient pu les blesser – je reste néanmoins persuadé que leur affaire de test de l'autisme est plus que douteuse, et regrette qu'ils n'aient pas fait l'effort de prendre plus de recul par rapport à leur travail. La critique est facile, et j'en ai assez dit sur les conditions dans lesquelles vit une start-up pour que l'on comprenne leur attitude. D'autant plus que, dans une telle entreprise, on constate souvent une séparation assez nette entre les scientifiques et les gens du business. Les premiers restent prudents en énonçant leurs résultats, et sont conscients de leurs limites ; mais les managers, soumis à la pression des investisseurs et du marché, liés par les prévisions imprudentes qu'ils ont formulées six ou douze mois plus tôt, moins conscients aussi de la fragilité des données, peuvent être tentés de faire preuve de plus d'optimisme et anticipent sur les succès à venir, ce qui contribue à présenter une image attrayante des perspectives de la firme. Je donnerais ma main à couper que mes interlocuteurs n'ont pas approuvé tous les termes des communiqués émis en juillet 2005 – mais évidemment, ils ne me l'auraient jamais avoué !

8

Le deuxième souffle de la génomique

Bien entendu, l'histoire ne s'est pas arrêtée en 2005, et les recherches sur les déterminants génétiques de l'autisme ont été poursuivies dans de très nombreux laboratoires. Ce livre serait fort incomplet s'il ne présentait pas ces nouvelles données ainsi que la place d'IntegraGen dans ces travaux. Mais les techniques d'analyse génétique ont fait de tels progrès au cours des cinq dernières années que le paysage de la génomique a changé de nature et de dimensions, et que des possibilités insoupçonnées se sont ouvertes : nous allons donc commencer par faire le point sur ces développements récents, avant de revenir au cas précis de l'autisme.

Nous avions laissé la génétique psychiatrique et, plus généralement, la recherche sur les maladies complexes au stade (peu brillant) atteint au tout début des années 2000 : un nouveau panorama du secteur va nous montrer les progrès considérables enregistrés, mais aussi leurs limites.

De nouveaux outils

Tout d'abord, la lecture intégrale de l'ADN humain, achevée en 2003 pour le cinquantième anniversaire de la découverte de la structure en double hélice de cette molécule, nous offre aujourd'hui un catalogue génique presque complet, et accélère fortement la recherche du gène impliqué dans une affection héréditaire. En fait, si la maladie est mendélienne, liée à un seul gène, celui-ci peut être identifié en quelques semaines, et non plusieurs années comme à l'époque héroïque, pour autant que les prélèvements d'ADN des malades et des témoins normaux soient disponibles. Cette lecture de notre ADN a aussi permis de commencer à appréhender la diversité génétique humaine, et de constater qu'elle est remarquablement faible : l'ADN de deux personnes prises au hasard est identique à 99,5 % environ[38]. Cela fait de notre espèce une des plus homogènes sur la Terre – ce qui n'a rien d'étonnant, puisque nous descendons tous de quelques dizaines de milliers de personnes vivant il y a cent mille ans environ : nous constituons une espèce jeune, dont l'expansion est très récente et dont les différents groupes sont restés extrêmement proches [8.1]. Bien d'autres organismes, du chimpanzé au concombre en passant par d'innombrables bactéries et maintes plantes, ont vu eux aussi leur génome séquencé d'un bout à l'autre. C'est pour cela que l'on parle aujourd'hui plutôt de génomique (étude des génomes) que de

38. Au début, le pourcentage indiqué était de 99,9 %, mais il ne tenait compte que des variations ponctuelles. On a depuis découvert d'assez nombreuses différences portant sur plusieurs bases, ce qui augmente la valeur de la variation observée.

génétique, d'autant plus que, parallèlement à ces connaissances, les méthodes d'analyse ont fait elles aussi un bond en avant.

Pour en revenir aux êtres humains, la diversité des individus se manifeste au niveau de l'ADN de différentes manières, mais principalement sous forme de variations ponctuelles, les *Snips**, onomatopée renvoyant à l'abréviation SNP pour *Single nucleotide polymorphism*, polymorphisme* portant sur un seul nucléotide*. Expliquons-nous : on dit qu'un point dans l'ADN d'une espèce est polymorphique* lorsqu'il existe sous plus d'une forme dans la population. En une position donnée de notre ADN on pourra ainsi trouver la base (ou le nucléotide – pour mon propos actuel les deux termes sont synonymes) A (adénine) chez 40 % des personnes, la base G (guanine) chez les autres. C'est cela tout simplement, un Snip, et il a deux allèles[39] : celui qui comporte un A, et celui qui comporte un G. En comparant les séquences de l'ADN de différentes personnes, on a repéré plusieurs millions de Snips, et ils constituent aujourd'hui le principal type de repère utilisé dans les études génétiques. Évidemment, le fait qu'il en existe des millions permet des analyses très fines : la génétique médicale employait quelques centaines de balises réparties sur notre génome jusqu'au début des années 2000, la génomique actuelle peut en examiner un million... D'autant plus que les techniques ont, elles aussi, beaucoup progressé et que, grâce aux *microarrays** ou « puces à

39. Et non quatre comme on pourrait l'imaginer *a priori* du fait qu'il existe quatre bases T, A, G, C : le Snip est apparu à la suite d'une mutation chez un lointain ancêtre, et il est très peu probable que d'autres mutations soient survenues ensuite exactement au même endroit.

ADN », systèmes d'analyse miniaturisés (*figure 17*), il est possible de lire des centaines de milliers de Snips chez des milliers d'individus.

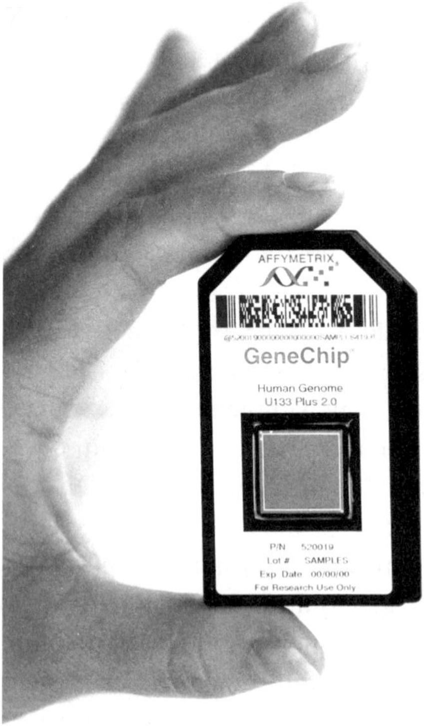

Figure 17. Une « puce à ADN » (aussi appelée *microarray**). Fabriquée en utilisant des techniques proches de celle de l'industrie des microprocesseurs, cette « puce » contient de très nombreux petits segments d'ADN synthétique qui peuvent « interroger » un ADN humain et en révéler différentes caractéristiques. La puce proprement dite est le petit carré (1 × 1 cm environ) au centre de la cartouche, elle comporte des millions de petits éléments dont les dimensions sont de l'ordre de 10 × 10 microns (millièmes de millimètre). Chacun de ces minuscules éléments porte lui-même des milliers de segments d'ADN identiques. Figure fournie par l'entreprise Affymetrix, un des principaux fabricants de ces systèmes.

La floraison des études d'association « génome entier », les *Gwas*

Grâce à ces puces, on peut partir – cette fois de manière rigoureuse – à la recherche de déterminants génétiques, même si l'affection ou la caractéristique étudiées ne sont pas héritées de manière mendélienne, et sont donc sous l'influence de plusieurs gènes. Il faut pour cela rassembler des milliers d'échantillons d'ADN extraits du sang ou de la salive de personnes (malades ou témoins), et les analyser avec une puce à ADN qui permet de déterminer quel allèle est présent pour chaque représentant d'un jeu de 500 000 Snips répartis sur l'ensemble du génome. C'est ce qu'on appelle couramment un « balayage du génome », un *Genome-wide association study* (Gwas), qui examine l'ensemble du génome avec un jeu très fourni de balises [8.2]. Si certains allèles de Snips, correspondant à une forme particulière d'une région donnée du génome, se retrouvent bien plus souvent chez les malades que chez les témoins, cela indique qu'un gène dont une certaine version favorise l'apparition de la maladie doit se trouver dans cet intervalle, qu'il est *associé* à cette série de Snips. En tenant compte tant du nombre de personnes analysées que de celui des marqueurs étudiés, on peut évaluer de manière rigoureuse la validité statistique du résultat. De fait, les études Gwas s'avèrent reproductibles, et leurs résultats sont pour la plupart confirmés par les travaux ultérieurs. Ce sont néanmoins des travaux très lourds et onéreux : il faut assembler des milliers de prélèvements provenant de personnes bien caractérisées sur le plan clinique, puis mettre en œuvre pour chaque personne des puces à ADN dont le coût unitaire est de plusieurs centaines d'euros. En général, une étude Gwas regroupe au moins dix laboratoires, une cinquantaine de chercheurs (*figure 18*), et coûte plusieurs millions d'euros. Néanmoins les résultats sont « objectifs » et solides, on est donc apparemment sorti du *Far West* qu'a pu représenter la génétique des maladies complexes au tournant du siècle, et on peut envisager avec sérénité un progrès continu des connaissances. Tout irait pour le mieux si l'on n'avait perdu dans l'affaire la majeure partie de l'héritabilité...

nature Vol 459|28 May 2009|doi:10.1038/nature07999

ARTICLES

Common genetic variants on 5p14.1 associate with autism spectrum disorders

Kai Wang[1]*, Haitao Zhang[1]*, Deqiong Ma[2]*, Maja Bucan[3], Joseph T. Glessner[1], Brett S. Abrahams[4], Daria Salyakina[2], Marcin Imielinski[1], Jonathan P. Bradfield[1], Patrick M. A. Sleiman[1], Cecilia E. Kim[1], Cuiping Hou[1], Edward Frackelton[1], Rosetta Chiavacci[1], Nagahide Takahashi[5], Takeshi Sakurai[5], Eric Rappaport[6], Clara M. Lajonchere[7], Jeffrey Munson[8], Annette Estes[8], Olena Korvatska[8], Joseph Piven[9], Lisa I. Sonnenblick[4], Ana I. Alvarez Retuerto[4], Edward I. Herman[4], Hongmei Dong[4], Ted Hutman[4], Marian Sigman[4], Sally Ozonoff[10], Ami Klin[11], Thomas Owley[12], John A. Sweeney[12], Camille W. Brune[12], Rita M. Cantor[13], Raphael Bernier[8], John R. Gilbert[2], Michael L. Cuccaro[2], William M. McMahon[14], Judith Miller[14], Matthew W. State[11], Thomas H. Wassink[15], Hilary Coon[14], Susan E. Levy[6], Robert T. Schultz[6], John I. Nurnberger Jr[16], Jonathan L. Haines[17], James S. Sutcliffe[18], Edwin H. Cook[12], Nancy J. Minshew[19], Joseph D. Buxbaum[5,20], Geraldine Dawson[8], Struan F. A. Grant[1,6], Daniel H. Geschwind[4], Margaret A. Pericak-Vance[2], Gerard D. Schellenberg[21] & Hakon Hakonarson[1,6]

Figure 18. Un exemple de publication d'une étude Gwas, parue dans la revue *Nature* en mai 2009, et identifiant un locus sur le chromosome 5 associé à l'autisme. Noter le nombre d'auteurs : 56, représentant 21 laboratoires...

À la recherche de l'héritabilité perdue

Après plusieurs années d'exercice, il s'avère en effet que ces balayages du génome, aussi rigoureux et reproductibles soient-ils, ne rendent compte que d'une petite partie d'une héritabilité génétique[40] par ailleurs bien établie. Précisons ce que l'on entend par héritabilité (génétique) : ce terme désigne la fraction de la variation observée au sein d'une population qui est d'origine génétique. Une valeur nulle (héritabilité égale à zéro) indique que les différences entre personnes résultent uniquement de leur environnement et de leur histoire personnelle ; si au contraire elle est égale à 1, cela montre que la variation observée est entièrement due aux gènes. L'héritabilité génétique de la chorée de Huntington, pour reprendre une maladie dont nous avons déjà parlé, est pratiquement égale à 1 ; par contre celle du Sida est très faible[41]. Pour beaucoup de maladies très répandues, l'influence des gènes est notable et l'héritabilité va, par exemple, de 0,40 pour le diabète de type 2 à 0,70 pour la dégénérescence maculaire liée à l'âge[42]. D'un autre côté, la transmission de ces maladies n'obéit pas à un schéma mendélien simple (on observe seulement une accumulation des cas dans certaines familles), ce qui signifie que l'héritabilité observée résulte de l'action de plusieurs gènes et non d'un

40. Il existe aussi une héritabilité sociale : les enfants de polytechniciens sont bien plus souvent polytechniciens que les enfants d'ouvriers – sans que leurs gènes ne soient en cause ! D'où la précision « héritabilité génétique ».

41. Mais pas égale à zéro puisque la vulnérabilité peut varier d'une personne à l'autre, et que quelques individus sont réfractaires à l'infection par le virus HIV en raison d'une mutation particulière présente dans leur génome.

42. Maladie de la rétine conduisant progressivement à la cécité.

gène majeur comme pour la chorée de Huntington ou la mucoviscidose. C'est d'ailleurs bien pour cela que les tentatives menées dans les années 1990 pour trouver « les gènes du diabète » ont été peu fructueuses : le balisage du génome était trop lâche, les méthodes d'analyse trop peu puissantes pour détecter de manière fiable des gènes dont l'effet individuel est faible.

La mise au point, au début des années 2000, de techniques permettant un « balayage du génome » précis et complet a donc suscité de grands espoirs. On pouvait espérer (pour reprendre le cas du diabète de type 2) trouver une dizaine ou une vingtaine de gènes dont les effets additionnés rendraient compte de l'héritabilité observée, en déduire éventuellement des tests de diagnostic plus précoces et plus fiables, et par la même occasion mieux comprendre l'étiologie de la maladie et en faire découler des thérapies plus efficaces. Mais si l'on a effectivement identifié de façon concluante et reproductible 18 gènes dont certains variants accroissent le risque de diabète, l'effet individuel de chacun est très faible, et *à eux tous* ils ne rendent compte que d'un dixième de l'héritabilité. Pour prendre un autre exemple, la taille à l'âge adulte est l'une des caractéristiques les plus liées à la génétique, son héritabilité est de 0,80, c'est-à-dire que les gènes sont responsables de 80 % des différences de taille au sein d'une population donnée. Les multiples études Gwas portant sur ce point ont à ce jour identifié plus de 40 gènes ayant une influence démontrée… mais *à eux tous* ils ne rendent compte que de 5 % de cette héritabilité !

C'est donc en ce sens que l'on parle d'héritabilité perdue [8.3]. Les travaux récemment menés, bien qu'ils soient, contrairement à ceux de la période précédente, valides et reproductibles, ces travaux ne « voient » qu'une petite partie de l'influence génétique qui s'exerce sur des maladies courantes. Notons au passage que c'est selon ces méthodes que travaillent les multiples entreprises de « génomique personnelle[43] » qui, aux États-Unis, proposent moyennant quelques centaines de dollars, d'établir votre profil génétique personnel et de vous dire quelles affections risquent de vous atteindre et quelles mesures de prévention sont indiquées : en réalité, les résultats ainsi fournis n'ont pratiquement aucune valeur prédictive, puisque les Snips connus et utilisés par ces firmes ne rendent compte que de 10 à 20 % de la composante génétique pour les maladies fréquentes. Vos résultats peuvent donc indiquer un risque plus faible que la moyenne pour une affection donnée, alors qu'en fait des mutations encore inconnues mais présentes dans votre génome vous confèrent un risque important.

Sur le plan scientifique, de nouvelles pistes sont actuellement explorées pour résoudre ce paradoxe. Tout d'abord, on a pris conscience depuis peu que les variations du génome d'un individu à l'autre ne se limitent pas aux Snips, aux variations ponctuelles : maintenant que l'on dispose des moyens nécessaires pour les détecter, on constate aussi de très nombreuses différences portant sur la perte (délétion*) ou au contraire sur le dédoublement (duplication) de petites zones de l'ADN, allant de quelques bases à des centaines ou à des milliers[44]. Beaucoup de ces variations, que l'on regroupe sous le terme de CNV (*Copy number variations*, variations du nombre d'exemplaires) n'ont apparemment

43. Les plus connues sont *23andMe, Navigenics* ou *DecodeMe*. Un récent rapport établi à l'initiative du Congrès des États-Unis démontre à quel point les résultats fournis sont contradictoires et inutilisables [8.4, 8.5].

44. C'est cela qui a fait passer l'homogénéité de notre espèce des 99,9 % annoncés en 2003 au chiffre actuel de 99,5 %.

aucun effet biologique (n'oublions pas que les gènes proprement dits n'occupent qu'une petite partie de notre ADN), mais certaines sont associées à des anomalies, et il est fort possible que de telles différences, non repérées par les puces à ADN employées jusqu'ici, soient responsables d'une bonne partie de l'héritabilité observée. Même en ce qui concerne les Snips, les puces actuelles n'en examinent qu'un million environ, correspondant aux points du génome auxquels les études déjà effectuées ont localisé les variations les plus fréquentes au sein de notre espèce. Mais il est clair que chacune de nos trois milliards de bases peut différer d'une personne à une autre : les Gwas ne « regardent » donc qu'une toute petite partie de cet immense ensemble. Pour être complet, il faudrait examiner l'ensemble des bases du génome de chaque individu dans ces études, c'est-à-dire effectuer la séquence intégrale de son ADN. C'est ce que le programme Génome a réalisé entre 1990 et 2003 pour un seul génome humain[45], mais il a fallu pour cela plus de dix ans et plusieurs *milliards* de dollars…

La séquence à la rescousse ?

Là aussi pourtant, les progrès techniques ont été fulgurants, grâce à une nouvelle génération de machines à séquencer l'ADN apparue à partir de 2005. Exploitant toutes les

45. En fait la séquence obtenue en 2003 est, pour des raisons techniques, une sorte de patchwork dont différentes parties proviennent de différents individus. C'est seulement à partir de 2008 qu'ont été réalisées des séquences portant réellement sur une seule personne, notamment celle de Jim Watson, codécouvreur de la double hélice. Fin 2011, on peut estimer que plus de mille séquences individuelles humaines ont déjà été obtenues.

ressources de la micromécanique et des nouveaux capteurs optiques, mettant en œuvre des réactifs et des enzymes hautement sophistiqués, et faisant appel à une informatique toujours plus performante, ces systèmes permettent aujourd'hui de lire intégralement un génome humain en quelques jours et pour un coût de quelques milliers de dollars. Le but affiché est d'arriver dans un avenir proche au « génome à 1 000 dollars », et tout laisse penser que nous y serons bientôt, à coup sûr avant 2015. Nous y serons... en ce qui concerne la lecture du génome, la détermination de la suite exacte des bases T, A, G, C qui le constituent. Mais il ne s'agit que d'une lecture, non d'un « déchiffrage » ou d'un « décryptage », comme on le dit souvent à tort : l'interprétation en termes fonctionnels de cette information, le « passage du génotype* au phénotype* » en termes savants, cette interprétation est très loin d'être satisfaisante [8.6]. Pour revenir au thème des maladies à composante génétique, le séquençage pourra en effet révéler des différences entre l'ADN des malades et celui d'individus témoins, mais ces différences vont se compter par milliers ou même par millions (on le voit déjà dans les études qui comparent l'ADN d'une tumeur et celui des tissus sains du même malade), et toute la question sera de savoir lesquelles sont pertinentes par rapport à l'affection étudiée.

L'épigénétique*, pour tout simplifier...

Ce panorama resterait incomplet si je ne mentionnais le développement récent des études sur les phénomènes épigénétiques. Comme l'indique le terme, il s'agit d'effets qui jouent à la périphérie de l'ADN, qui ne modifient pas la séquence, la suite des bases, comme le fait une mutation, mais qui introduisent de légères modifications chimiques, lesquelles peuvent avoir une influence sur la manière dont un gène est exprimé. En d'autres termes, la structure du gène ou de la protéine qui en découle n'est pas modifiée, mais sa régulation peut être altérée, le gène s'exprimant du coup plus fortement, moins fortement – ou même dans un tissu différent de celui où il est normalement mis en œuvre. Dans certains cas, ces modifications peuvent être transmises des parents à leur descendance, ce qui – exceptionnellement – aboutit à une sorte d'hérédité de caractères acquis. Un exemple célèbre est celui de femmes hollandaises qui ont souffert de malnutrition grave lors de la fin de la deuxième guerre mondiale, et dont les filles nées à cette époque ont eu, vingt ans plus tard, des enfants dont le poids à la naissance était systématiquement inférieur à la moyenne. Sans aller jusque-là, ces effets épigénétiques interviennent dans nombre d'affections et peuvent notamment modifier l'effet d'une mutation selon qu'elle est transmise par le père ou par la mère. Là aussi, on dispose aujourd'hui d'outils performants pour étudier ces altérations et les comparer entre différentes personnes.

En somme…

Nous disposons donc aujourd'hui d'un arsenal technologique incomparablement supérieur à celui des années 1990 – et même du début des années 2000 – pour examiner le génome humain et y rechercher la cause de différentes affections. Mais cette extraordinaire progression technique nous révèle aussi l'infinie complexité des altérations que peut subir notre ADN, et la difficulté que présente la mise en relation de l'information héréditaire et de sa traduction concrète en termes de caractéristiques physiques et de risque encouru pour diverses affections (*figure 19*). On peut donc imaginer que pour un syndrome complexe comme l'autisme, qui recouvre déjà sur le plan clinique plusieurs entités peut-être distinctes, la génétique ne va pas pouvoir donner de résultats simples, et que, malgré les progrès des connaissances, la question d'un test risque fort de rester ouverte.

Figure 19. Du génotype (la séquence de l'ADN) au phénotype (l'état de santé de la personne) : un gouffre qui suscite la perplexité…

9

Les nouveaux gènes de l'autisme

Retour en 2005

Lorsque IntegraGen annonce le prochain lancement de son test (chapitre 1), on connaît déjà le rôle essentiel de l'hérédité dans l'autisme, mais, compte tenu de la transmission non mendélienne du syndrome et de l'échec des approches de « génétique inverse » pratiquées dans les années 1990, on se doute bien que rien n'est simple et que de nombreux gènes sont impliqués. À partir de 2000, on a tenté de « pister » ces gènes par des études d'association génétique, reposant sur un maillage encore peu serré de notre génome (quelques centaines de marqueurs répartis sur l'ensemble des chromosomes), ou en comparant chez malades et témoins l'état de « gènes candidats » choisis en fonction de leur rôle supposé dans les processus cognitifs. Malgré la sophistication de ces approches, par rapport à ce qui avait cours au siècle précédent, les résultats s'avèrent plutôt minces. De nombreux gènes ou *loci* semblent associés à l'autisme, mais ces associations sont statistiquement peu solides, et la plupart du temps non confirmées par les études ultérieures. De sorte qu'un article faisant, en 2004, le bilan de tous ces travaux pouvait conclure : « Malgré la forte héritabilité de l'autisme, la recherche de gènes de susceptibilité a été jusqu'ici un échec. Les balayages du génome ont donné des résultats contradictoires, et les gènes candidats se sont également montrés insaisissables » [9.1]. Mais, comme nous venons de le voir, une nouvelle révolution technologique a spectaculairement accru, au cours des cinq ou six dernières années, les possibilités de la recherche génétique. Qu'en est-il donc aujourd'hui de nos connaissances sur les aspects génétiques de l'autisme ?

Balayage du génome : des liaisons confirmées, mais des effets faibles

Grâce aux puces à ADN, les études d'association à grande échelle changent de dimension : au lieu de quelques centaines de balises dispersées sur nos vingt-trois chromosomes, il devient possible d'interroger des dizaines ou même des centaines de milliers de points du génome en une seule expérience. Parallèlement, la prise de conscience que ces études doivent porter sur des milliers de personnes pour donner des résultats statistiquement valables pousse les laboratoires à effectuer les travaux à l'échelle voulue. Les bailleurs de fonds, institutions publiques ou fondations, de leur côté, acceptent de financer ces expériences très coûteuses. C'est ainsi qu'un consortium *ad hoc*, The Autism Genome Consortium, publie en 2007 une étude portant sur plus de mille familles multiplex, c'est-à-dire comportant chacune au moins deux enfants atteints, étude qui examine 10 000 points dans l'ADN de près de 7 000 personnes (enfants atteints ou non et leurs parents) [9.2]. Ce travail herculéen, qui a mobilisé des moyens considérables – l'article est signé par 138 scientifiques représentant 66 laboratoires… – aboutit à des résultats encore modestes. Les auteurs observent bien de nombreuses corrélations entre différents Snips et le syndrome, mais une seule d'entre elles est réellement significative du point de vue statistique : les autres représentent peut-être des pistes à suivre mais ne sont nullement probantes – elles sont d'ailleurs pour la plupart différentes de ce qui avait été trouvé jusque-là (*figure 20*). Il faut comprendre que, dans ces travaux où l'on manipule d'énormes masses de données, il est inévitable que l'on observe des associations qui sont dues au hasard, et il faut appliquer des critères statistiques très sévères pour distinguer les vrais signaux du « bruit de fond[46] ». C'est ce que l'on ne savait pas faire dans les années 1990, ce qui a abouti à nombre de publications démenties par la suite. Aujourd'hui, tant la quantité et la qualité des données recueillies que le nombre de patients étudiés permettent d'évaluer de manière rigoureuse la « significativité » des résultats. Ces études ont donc été poursuivies, en employant de plus en plus de marqueurs au fil des progrès des puces à ADN, et avec un certain succès. Un bilan récent de tous ces travaux [9.3] répertorie, pour l'autisme, une vingtaine de régions réparties sur huit chromosomes (1, 2, 3, 5, 7, 9, 11, 17), toutes retrouvées dans au moins deux études – même si leur validité statistique n'est généralement pas très élevée, et si l'effet de chacune sur le risque d'autisme est faible. Encore

46. C'est comme lorsque l'on confronte 1 000 prédictions de voyantes et 1 000 évènements réels : il se trouvera toujours, par hasard, quelques prévisions qui s'avéreront exactes.

une fois, cela souligne que l'indéniable composante génétique de l'autisme implique de nombreux gènes, dont l'impact individuel est faible et donc difficile à mettre en évidence. Ajoutons que lorsqu'on rassemble à grand-peine des milliers de cas, on risque fort de mélanger plusieurs types d'autisme, impliquant vraisemblablement des gènes différents. En cherchant à améliorer la validité statistique des études, on peut ainsi, paradoxalement, aboutir à brouiller les résultats.

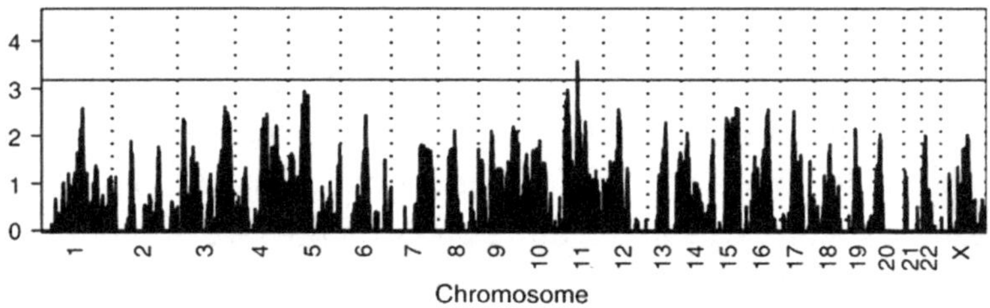

Figure 20. Résultats du balayage du génome par The Autism Genome Consortium, 2007. Ce diagramme représente les zones pour chaque chromosome (du 1 au 22 et à l'X) dans lesquelles les données indiquent une possible liaison avec l'autisme. En ordonnée, une indication de la probabilité que le résultat obtenu ne soit pas dû au hasard ; la ligne horizontale indique le seuil de signification statistique. On voit que ce seuil n'est atteint que pour une seule région située sur le chromosome 11. Cela ne veut pas dire que les autres résultats soient faux, simplement qu'on ne peut pas être « raisonnablement certain » qu'ils soient exacts. Figure établie à partir de la figure 1 de la référence [9.2].

Des gènes candidats « suggestifs »

Les études de « gènes candidats » partent, elles, de la connaissance de gènes dont les caractéristiques suggèrent qu'ils pourraient jouer un rôle dans les processus biologiques sous-tendant l'autisme. Il peut s'agir d'entités dont les analyses chez l'animal ont montré qu'elles étaient impliquées dans le fonctionnement des synapses, ou qui sont altérées dans des mutants cérébraux chez la souris, ou encore de gènes présents dans une zone préalablement désignée par un balayage du génome (même si cette indication n'est que « suggestive ») et qui sont, de plus, exprimés dans le cerveau. Ces indices, précieux mais souvent ténus, permettent de formuler une hypothèse fonctionnelle, et conduisent à rechercher si un variant particulier de ces gènes est plus fréquent chez les enfants autistes que chez les témoins. Il s'agit donc de travaux ciblés, mettant en jeu des moyens moins importants qu'un balayage du génome, et qui présentent l'avantage d'être fondés sur une hypothèse biologique. Une douzaine d'associations ont ainsi été rapportées [9.4], et une bonne moitié d'entre elles ont été « répliquées », c'est-à-dire retrouvées par une autre équipe étudiant le même gène chez d'autres enfants. Cependant – comme pour les régions détectées par balayage du génome – l'effet lié à chacun de ces variants (l'augmentation du risque d'autisme pour celui qui le porte) est toujours très faible et ne permet pas de leur attribuer une valeur diagnostique : selon les cas, le risque relatif associé à la « mauvaise » version du gène s'élève à 1,2, exceptionnellement 1,5, ce qui est fort peu : cela signifie que la probabilité pour le porteur d'être atteint est 20 % ou 50 % plus élevée que pour une personne « moyenne ». Pour mettre cette valeur en perspective, rappelons que le frère d'un enfant autiste court un risque d'environ 10 %, soit dix fois (1 000 %) au-dessus de la valeur moyenne : cela donne une idée de la grandeur des effets génétiques dont on cherche à rendre compte.

Les CNV entrent en scène

Une nouvelle piste a été ouverte par l'analyse des CNV, ces petites délétions et duplications dont la fréquence dans notre génome, y compris chez des individus apparemment normaux, n'a été reconnue que très récemment[47]. Les premières indications, obtenues dans le cadre de la grande étude de l'Autism Genome Consortium, étaient assez limitées, car les puces à ADN employées étaient prévues pour détecter les Snips et non les CNV. Elles étaient néanmoins suffisamment nettes pour stimuler des travaux ultérieurs ciblés sur ce type d'anomalie. Et de fait, une autre équipe employant une variante technique mieux adaptée avait publié, à peu près en même temps, un article montrant l'association de cas d'autisme avec des CNV apparus *de novo*, c'est-à-dire qui ne sont présents chez aucun des deux parents et représentent donc de « nouvelles mutations » survenues lors de la constitution des cellules germinales* (ovules et spermatozoïdes) [9.5]. Ces résultats ont été depuis confirmés, et il est clair aujourd'hui que ces petites anomalies chromosomiques, ces CNV, sont fréquemment retrouvées chez les patients et jouent vraisemblablement un rôle causal. Elles peuvent être nouvellement apparues, comme indiqué ci-dessus, ou aussi héritées, notamment dans les familles multiplex où l'on retrouve parfois le même CNV chez les deux enfants atteints, ce qui renforce l'hypothèse d'un rôle causal dans l'apparition de l'affection. Ce domaine de recherches est nouveau, la découverte

47. Rappelons que ce sont elles qui ont fait passer l'estimation de la différence entre l'ADN de deux humains pris au hasard de 0,1 à 0,5 %.

de l'importance de ce type de variation date seulement de trois ou quatre ans, et les moyens techniques pour détecter les CNV (des puces à ADN spécialisées) sont eux aussi très récents – de sorte que l'importance du phénomène, et son rôle dans la génétique de l'autisme, sont peut-être encore sous-estimés. Il n'en reste pas moins que, dès aujourd'hui, ces anomalies sont considérées comme un élément majeur d'évaluation en présence d'un soupçon d'autisme. Entendons-nous bien : il n'y a pas (du moins jusqu'ici) de délétion ou duplication qui puisse être considérée comme caractéristique de l'autisme et qui puisse servir de diagnostic génétique à elle seule ; mais ces anomalies (et notamment certaines d'entre elles situées sur les chromosomes 15, 16 et 22) sont suffisamment fréquentes chez les enfants atteints pour qu'un examen chromosomique détaillé grâce à une puce à ADN *ad hoc* soit considéré comme un élément d'évaluation pertinent.

L'autisme et les autismes...

Le panorama que je viens de présenter peut sembler décourageant. Malgré le rôle clairement démontré de l'hérédité, malgré des avancées technologiques majeures et les efforts de nombreux laboratoires, les progrès semblent très lents et les résultats montrent surtout la complexité des corrélats génétiques de l'autisme. Complexité qui découle sûrement en partie de la complexité du syndrome lui-même : même si certains signes sont communs, à des degrés variables, aux différentes affections que l'on rassemble sous le « parapluie » de l'autisme au sens large (*voir figure 9, p. 51*), il est plus que vraisemblable que les mécanismes sous-jacents diffèrent de l'un à l'autre. Il faut donc plutôt parler des autismes que de l'autisme, et cela a des conséquences pour les études génétiques. En fait, pour espérer identifier de manière convaincante des gènes impliqués, il faudrait se placer dans les meilleures conditions, c'est-à-dire étudier un sous-ensemble homogène d'enfants atteints, présentant des caractéristiques très semblables tant au niveau qualitatif (panorama des symptômes) que quantitatif (niveau cognitif, par exemple). On pourrait alors espérer que la génétique sous-jacente soit elle aussi simplifiée par rapport à celle de l'ensemble des cas qui rentrent sous le parapluie de la figure 9, chap. 4. C'est là une des directions dans lesquelles s'engage la recherche actuellement, mais évidemment cela rend d'autant plus difficile la constitution de grands groupes de malades – or nous avons vu que leur nombre est un élément crucial pour la validité statistique des résultats.

À quoi sert la génétique ?

Quel est le sens de tous ces efforts, à quoi peuvent-ils aboutir ? Il est clair que l'on ne trouvera jamais « le » gène de l'autisme, ni même deux ou trois gènes majeurs dont les variants rendraient compte de la majorité des cas. Rappelons aussi que, malgré la forte influence génétique prouvée notamment par la concordance entre vrais jumeaux[48], la possibilité d'un rôle de l'environnement n'est pas éliminée. En toute rigueur, ce qui est partagé par ces vrais jumeaux, c'est une

48. Associée à la faible concordance entre faux jumeaux, qui lui donne toute sa signification.

forte *vulnérabilité* à l'autisme et non l'affection elle-même. Il reste néanmoins vraisemblable – surtout si l'on arrive à isoler des sous-ensembles cohérents de symptômes et à focaliser l'étude sur les individus correspondants – que l'on parvienne à identifier quelques circuits biologiques gouvernés chacun par un petit nombre de gènes et jouant un rôle critique dans la mise en place de la signalisation neuronale. On pourrait alors espérer mettre en corrélation ces données génétiques et celles de l'imagerie fonctionnelle du cerveau, et à terme en déduire des modes d'intervention spécifiques destinés à des enfants présentant des caractéristiques bien précises. Ces améliorations thérapeutiques s'accompagneront alors – comme dans toute étude d'une pathologie – d'une meilleure compréhension du fonctionnement cérébral normal et de sa mise en place au cours du développement du fœtus et du petit enfant. Les enjeux sont donc importants, et on comprend que, malgré les difficultés, nombre d'équipes de recherche s'acharnent à faire progresser les connaissances sur cette maladie.

Les contributions d'IntegraGen

L'article d'IntegraGen évoqué au début de ce livre indiquait en 2005 que « le gène *PRKCB1* pourrait être impliqué dans l'étiologie de l'autisme ». Rappelons que les chercheurs avaient utilisé la technique « maison » *Identity by descent* (voir chapitre 7, p. 102) pour identifier des zones du génome où pourraient se trouver des gènes influençant le risque d'autisme, ciblé ainsi un segment du chromosome 7 puis, parmi les gènes présents dans cette région, distingué *PRKCB1* en raison tant d'arguments génétiques que du fait qu'il est exprimé dans le cerveau[49]. La preuve de son implication restait néanmoins à faire, notamment parce que aucune mutation modifiant ce gène n'avait été identifiée chez les enfants atteints. Deux ans après, une équipe sino-irlandaise ne trouvait pas d'association entre les variants de ce gène et l'autisme [9.6], mais en 2009 un groupe italien (qui par ailleurs collabore avec IntegraGen) retrouvait, lui, cette corrélation, sans pour autant identifier des variants pathogènes [9.7]. Les indications sont donc contradictoires, mais on peut noter que *PRKCB1* a disparu des publications suivantes d'IntegraGen et, autant que l'on peut en juger, des tests que l'entreprise prévoit de mettre sur le marché (voir chapitre 10). Il n'est d'ailleurs pas répertorié dans la liste des gènes « probables » ou « prometteurs » que dressent périodiquement des articles faisant le point des recherches.

Mais les chercheurs d'IntegraGen ne sont pas restés inactifs, et leur liste de publications depuis 2005 est fournie : elle comporte en tout vingt-trois items. Il faut certes relativiser : y sont répertoriés aussi bien de véritables articles publiés dans des revues à comité de lecture que des *abstracts*, résumés utilisés lors de congrès spécialisés, qui ne font souvent l'objet d'aucune validation scientifique préalable et sont destinés à être présentés sous forme de « posters », sorte d'affiches souvent reléguées dans une salle où seuls quelques congressistes viendront jeter un regard distrait. Un poster – même s'il est parfois intéressant – n'a donc pas du tout la même valeur qu'un véritable article en tant que preuve d'un travail abouti, et validé comme tel par la communauté scientifique. Si l'on procède donc à un tri parmi les items de cette liste, il reste à envisager six véritables « papiers » (plusieurs autres sont consacrés à des points de méthodologie), plus un

49. Voir les éléments sur le gène *PRKCB1* page 40 à 42.

abstract qui a fait l'objet d'une présentation orale lors d'un congrès et a donc dû être jugé digne d'intérêt. Six ou sept articles – la plupart publiés en collaboration avec une équipe appartenant à la recherche publique, soit en Italie, soit en France – c'est un total respectable, à comparer néanmoins à l'abondante production scientifique mondiale sur ce thème. Une interrogation des bases de données bibliographiques révèle en effet, entre 2005 et 2011, plus de *mille* publications scientifiques portant sur les aspects génétiques de l'autisme ! L'entreprise a donc une activité notable dans ce secteur de recherche, sans pour autant – et de loin – y être en position dominante.

Une série d'identifications souvent fragiles

L'analyse de ces articles va nous indiquer les orientations d'IntegraGen, tout en fournissant quelques exemples concrets des résultats enregistrés dans ce domaine. Le premier, publié en 2007 [9.8], emploie clairement l'approche « gène candidat » : deux gènes, *THP2* (impliqué dans la synthèse de la sérotonine) et *GLO1* (codant pour une enzyme de détoxification) pourraient, compte tenu de leur fonction et de quelques données préliminaires, jouer un rôle dans l'autisme. Une étude génétique est alors menée sur plus de 300 familles comportant chacune un ou deux autistes pour tester une association avec des marqueurs de ces gènes. Le résultat est négatif pour les deux (pas d'association détectée), à part peut-être un effet protecteur (réduisant le risque) pour un allèle particulier de *GLO1*. Notons qu'un tel résultat négatif est digne d'intérêt, car il élimine certaines hypothèses et évite des recherches inutiles à l'avenir, sa publication est donc justifiée alors qu'existe une certaine tendance à ne rapporter que les résultats positifs… L'article suivant, émanant cette fois uniquement d'IntegraGen [9.9], illustre une démarche maintenant classique : à la suite d'un « balayage du génome » par la technique maison, la région q31 du chromosome 5 a été repérée. Au vu du catalogue des gènes contenus dans cette zone de notre ADN, établi grâce à la séquence du génome humain (ressource précieuse en de tels cas), trois d'entre eux semblent pouvoir être impliqués dans l'autisme : *PITX1* (intervenant dans la régulation des hormones pituitaires), *Neurogenin 1* (jouant un rôle dans la neurogenèse) et *H2AFY* (qui, pour des raisons trop longues à détailler ici, pourrait contribuer à expliquer pourquoi l'autisme touche principalement des garçons). À nouveau, l'association génétique éventuelle entre chacun de ces gènes et l'autisme a été testée sur près de 300 familles regroupant plus de 1 000 personnes dont 530 enfants autistes. À l'arrivée, seul le gène *PITX1* montre une association statistiquement significative avec l'autisme. L'association est assez forte, puisque, selon les calculs des auteurs, le risque relatif induit par l'allèle pathogène s'élève à 2,5 si cet allèle est présent sur les deux chromosomes, mais, comme pour le travail publié en 2005 sur le gène *PRKCB1*, cet allèle délétère ne porte pas de mutation modifiant le produit du gène, le mécanisme de son influence reste donc mystérieux.

Des candidats intéressants mais pas vraiment probants sur le plan génétique

L'article suivant [9.10], paru en 2008 dans une revue dont l'audience est plus forte que la précédente, est très fourni sur le plan fonctionnel, mais les données génétiques sont, elles, peu convaincantes. Ici encore, il s'agit de l'exploration détaillée d'une région désignée par le balayage du génome, cette fois la zone q41-q42 du chromosome 1. L'analyse permet de réduire la taille de la zone et de cibler le gène *MARK1*, qui est exprimé dans le cerveau et impliqué dans les transferts d'énergie le long des dendrites, prolongements des neurones par lesquels circule l'information. L'article présente différentes études qui éclairent un peu la fonction de ce gène, mais son association avec l'autisme, détectée dans une première étude, n'est pas retrouvée sur un nouvel échantillon de 160 familles. La solidité de l'information génétique fait donc défaut, alors que par sa nature ce gène constituait un candidat intéressant. Suit encore un article assez fourni sur le plan de la physiologie mais qui apporte peu du point de vue génétique [9.11], centré sur le gène *SLC25A12* impliqué dans le transport de métabolites et de cofacteurs : publié lui aussi dans une revue de bonne audience, il fournit nombre d'informations sur le rôle des produits de ce gène et sur la vraisemblance de leur implication dans le fonctionnement cérébral, mais les données génétiques, obtenues sur plus de 300 familles, sont franchement négatives et concluent à l'absence d'association. Notons néanmoins que *SLC25A12* fait partie de la liste des gènes « prometteurs » parue dans un article de synthèse récent [9.4].

La dernière publication que je vais décrire ici est en fait une présentation de Jorg Hager (voir chapitre 7) lors d'un congrès international sur l'autisme à Chicago, en mai 2009. Le fait d'être sélectionné pour un exposé dans un de ces grands congrès est normalement un critère de qualité et de nouveauté, et, en effet, les données paraissent intéressantes. On étudie cette fois un autre gène de la région 5q31 déjà mentionnée plus haut, le gène *ATP2B2*, exprimé dans le cerveau et jouant un rôle dans la régulation de la concentration en calcium intracellulaire – paramètre qui est important pour l'activité des cellules en général et des neurones en particulier. Une fois encore, la technique de repérage « maison » a permis de cibler ce gène, avant une étude d'association portant sur près de 300 familles regroupant 595 cas d'autisme. L'association observée est assez convaincante, mais pas strictement significative du point de vue statistique, comme le reconnaissent les auteurs. Elle est néanmoins trouvée à plusieurs reprises, et également repérée par d'autres chercheurs sur d'autres malades. On aimerait donc y croire, d'autant plus que des données chez la souris montrent que l'inactivation de ce gène interfère avec les fonctions neuronales… Disons que l'on semble tenir ici un bon candidat. Pour terminer, je mentionnerai encore un poster datant de 2010 et impliquant le gène *ITGB3*, qui influence le niveau de sérotonine et serait significativement associé à l'autisme – données en accord avec les travaux d'autres équipes. Je ne décrirai pas ici le tout dernier article, paru dans une revue récemment créée, *Molecular Autism*, car il porte en fait sur la mise au point d'un nouveau test génétique, objet du prochain chapitre.

IntegraGen et les autres

Ce survol de la production scientifique d'IntegraGen a pu paraître fastidieux – il était pourtant nécessaire, tant pour fournir une illustration concrète sur les recherches actuellement menées que pour aborder la discussion des nouveaux tests proposés. Il montre les acquis de la biologie moderne : un catalogue des gènes qui permet de savoir instantanément lesquels sont présents dans une région donnée d'un chromosome particulier ; une masse de plus en plus importante d'informations qui indiquent non seulement dans quels tissus, dans quels organes ces gènes sont mis en œuvre, mais aussi le rôle joué dans le fonctionnement de l'organisme par les protéines dont ils dirigent la synthèse. Au-delà de ces connaissances, largement accessibles grâce à de multiples bases de données, l'acquis technologique et méthodologique de ces dernières années permet de cibler rapidement les régions du génome dans lesquelles doivent se trouver le ou les gènes impliqués dans un certain phénotype, ou au contraire, dans l'approche des gènes candidats, de choisir certains d'entre eux puis de tester leur implication dans une affection.

Toutes ces connaissances, tous ces outils n'empêchent pas la recherche des bases génétiques précises de l'autisme de connaître un certain piétinement, illustré par le parcours des chercheurs d'IntegraGen mais caractéristique du domaine dans son ensemble. On parvient effectivement à identifier des gènes dont certaines versions sont associées avec une légère augmentation du risque d'autisme, et ces identifications – c'est nouveau et très important – sont généralement confirmées par les études ultérieures, mais l'abondance même des gènes ainsi désignés signifie que l'influence exercée par chacun d'eux doit être très faible. Et, en effet, quand le risque relatif lié à la présence du « mauvais » allèle peut être évalué, on constate qu'il n'est guère supérieur à 1 (1,1, 1,2, exceptionnellement 1,5), c'est-à-dire qu'il n'augmente que très modérément le risque encouru par son porteur (la valeur 1 correspondant au risque standard). L'effet génétique ne se manifeste donc clairement que chez les vrais jumeaux, qui portent tous deux *exactement* le même jeu de variants sur l'ensemble de leur génome, d'où la concordance très élevée qui est observée. On voit donc mal comment une analyse portant sur quelques gènes ou loci dans l'ADN d'un enfant pourrait apporter des informations solides sur la probabilité qu'il souffre d'autisme. Et pourtant, les annonces de « test génétique de l'autisme » continuent à fleurir : il est temps de faire l'état des lieux.

10

Le marché de l'autisme

« Marché », le terme peut choquer – mais, pour une entreprise de biotechnologie qui investit année après année des millions d'euros dans ses travaux de recherche, il est essentiel que ceux-ci débouchent sur un produit largement diffusé et rémunérateur, afin de permettre à la firme et à ses investisseurs de rentrer dans leurs frais. Les nouvelles molécules employées pour traiter différents cancers ou pour éviter la survenue d'infarctus, et les tests de diagnostic qu'ils soient ou non fondés sur l'analyse de l'ADN, sont commercialisés à un tarif élevé, très supérieur à leurs coûts de fabrication. Il est courant, pour ces produits, que la « marge brute » atteigne ou dépasse 80 %, c'est-à-dire que le prix de vente représente cinq ou six fois celui de la production. Cela ne dure qu'un temps (la durée de validité des brevets), mais c'est indispensable (dans certaines limites...) pour que ces firmes puissent continuer à mettre au point de nouvelles entités dont certaines constituent une véritable révolution médicale.

Une demande pressante

En dehors de ceux (de plus en plus rares tout de même) qui croient encore à une étiologie relationnelle pour l'autisme, il existe tant chez les parents que chez les praticiens une forte demande pour un test génétique capable d'aider à la détection précoce de cette affection. À l'heure actuelle, ce diagnostic repose exclusivement sur des signes cliniques qui sont variables, évolutifs et qui ne font sens que pour un praticien expérimenté. De ce fait, il est souvent posé tardivement, vers l'âge de 4 ans en moyenne dans les pays industrialisés, alors que tous s'accordent pour affirmer que les interventions sont d'autant plus efficaces qu'elles sont précoces, et qu'elles devraient idéalement débuter avant l'âge de 2 ans. La découverte de biomarqueurs* fiables permettant une détection objective de l'autisme, outre qu'elle tranquilliserait les parents en levant une incertitude difficilement supportable, pourrait aussi améliorer considérablement les perspectives de développement relationnel des enfants atteints – tout en diminuant les coûts pour la collectivité du fait de leur meilleure insertion sociale à terme. Nombreuses sont donc les associations de parents à réclamer la mise au point de tests ; quant aux pédiatres et surtout aux neuropédiatres (ceux vers qui sont dirigés les enfants présentant des troubles majeurs de comportement), ils ressentent eux aussi le besoin de pouvoir s'appuyer sur des critères objectifs pour affermir leur diagnostic. Notons cependant que médecins comme associations se font souvent beaucoup d'illusions sur les performances à attendre d'un test génétique, et imaginent parfois que ses résultats pourraient être aussi peu ambigus que lorsqu'il s'agit de dépister la mucoviscidose.

Combien de tests par an ?

Du point de vue d'une entreprise, il est évidemment important d'évaluer le nombre d'analyses qui pourraient être pratiquées en cas de commercialisation. Compte tenu de la définition large actuellement adoptée, on peut estimer le nombre de nouveaux cas d'autisme à 30 000 par an aux États-Unis (1 % des naissances), et à peu près autant en Europe. Un test pratiqué chaque fois que le médecin soupçonne une possibilité d'autisme s'appliquerait vraisemblablement à une population plus importante, disons 60 000 à 100 000 aux États-Unis et toujours autant en Europe. Cela fait donc, au total, un marché de l'ordre de 200 000 tests par an, et un chiffre d'affaires intéressant pour un produit qui serait sans doute vendu autour de 1 000 dollars l'unité[50] : 100 à 200 millions de dollars. Mais cela suppose que le test soit suffisamment performant pour être largement pratiqué, en l'absence d'antécédents familiaux, ce qui implique qu'il détecte la plupart des autistes (peu de faux négatifs, c'est-à-dire une bonne sensibilité) tout en restant très spécifique (peu de faux positifs) (*voir figure 21, page suivante*). Nous avons constaté que ce n'était nullement le cas du test annoncé par IntegraGen en 2005, et le panorama des recherches récentes sur les gènes de l'autisme nous a amplement démontré la complexité des déterminants génétiques

50. Les tests génétiques complexes comme ceux qui sont employés pour certains cancers du sein se vendent actuellement entre 3 000 et 4 000 dollars. Les tests très simples portant sur un seul gène peuvent, eux, descendre à une centaine de dollars – mais compte tenu de tout ce que nous avons vu, un test génétique pour l'autisme serait nécessairement complexe.

impliqués : il semble peu probable que l'on puisse tirer de ces résultats un test réellement performant, utilisable en tant que dépistage dès qu'existe un soupçon de trouble du développement.

Il est donc vraisemblable que la cible, au moins dans un premier temps, se limite à la fratrie d'un enfant atteint, plus précisément aux enfants nés après celui-ci et pour lesquels le risque *a priori* est d'environ 10 %. Cela réduit considérablement le nombre d'analyses à pratiquer, d'autant plus que les parents d'un autiste évitent souvent d'avoir d'autres enfants. Dans ce cas, l'effectif concerné serait de l'ordre de 10 000 aux États-Unis. En y ajoutant l'Europe, cela reste un marché attractif avec un chiffre d'affaires d'environ 20 millions de dollars, suffisant pour attirer des entreprises, soit de petite taille et faisant de cette indication un axe majeur (comme IntegraGen), soit plus importantes et ajoutant ce diagnostic à une palette déjà large (comme Signature Genomics aux États-Unis, *voir figure 22*). On peut donc affirmer que le marché d'un test génétique de l'autisme est notable, bien que son ampleur dépende beaucoup de ses performances et de son utilité clinique réelle.

Des brevets pour se protéger

Dans un tel contexte, les entreprises commercialisant un test génétique cherchent à préserver leur investissement, en clair à se réserver, au moins pour un certain temps, l'exclusivité du diagnostic qu'elles ont mis au point. C'est compréhensible dans la mesure où sa valeur découle d'un important travail effectué en amont : la découverte des gènes en cause parfois, la mise au point technique de l'analyse afin qu'elle

Définition		
Individus	atteints	indemnes
Le test est positif	a	b
Le test est négatif	c	d

a : vrais positifs ; b : faux positifs, c : faux négatifs ; d : vrais négatifs
Sensibilité : a/(a+c) ; spécificité : d/(d+b)

Exemple d'un test performant (dépistage HIV)		
Individus	séropositifs	séronégatifs
Test positif	99	5
Test négatif	1	95

Peu de faux positifs, très peu de faux négatifs
Sensibilité : 99 % ; spécificité : 95 %
Le test dépiste presque tous les vrais séropositifs, avec un taux acceptable de faux positifs (éliminés par un test ultérieur).

Exemple d'un test peu performant (calculé à partir de la figure 3, p. 19 en considérant comme positifs les scores supérieurs à 6).		
Enfants	Autistes	Normaux
Test positif (risque élevé)	17	7
Test négatif	83	93

Beaucoup de faux négatifs, peu de faux positifs
Sensibilité : 17 % ; spécificité : 93 %
Le test ne dépiste qu'une partie des malades – et classe comme malades une fraction significative des témoins.

Figure 21. Sensibilité et spécificité d'un test de diagnostic.

soit fiable et reproductible quelles que soient les conditions, et les différentes études réclamées par les autorités réglementaires pour la mise sur le marché. Ces études incluent de plus en plus des essais cliniques pour démontrer l'utilité clinique du test, à savoir le fait que son emploi aboutit à un meilleur résultat pour le malade ainsi qu'à des économies pour le système de santé en évitant des traitements inutiles. La crainte de l'entreprise est qu'alors un concurrent puisse commercialiser un test quasiment identique, sans avoir investi dans toutes ces études. Il est bien normal que l'industriel souhaite rentrer dans ses frais, mais ce qui est choquant, c'est que dans la plupart des cas le moyen employé pour assurer cette protection consiste à breveter le gène étudié ainsi que ses mutations. La figure 21 montre la demande de brevet déposée aux États-Unis par IntegraGen pour le gène *PRKCB1*, celui-là même dont nous parlons au cours des premiers chapitres de ce livre. Ce mode de protection est largement utilisé : plus de quatre mille gènes humains font actuellement l'objet de brevets accordés. Il est fortement remis en cause, à travers notamment une action en justice contre l'entreprise Myriad Genetics, détentrice de nombreux brevets sur les gènes *BRCA1* et *BRCA2* dont certaines mutations entraînent une forte prédisposition au cancer du sein. Une première décision d'une cour de justice nord-américaine a affirmé que les gènes n'étaient pas brevetables – ce qui est une petite révolution par rapport à la pratique de ces vingt dernières années. Naturellement Myriad Genetics a fait appel, et, à l'été 2011, a obtenu en partie gain de cause. L'affaire n'est pas terminée, et elle témoigne de l'intensité des débats, liée tant aux enjeux idéologiques qu'aux montants financiers mis en cause.

United States Patent Application **20100240539**
Kind Code **A1**
Philippi; Anne ; et al. **September 23, 2010**

Human ***Autism*** Susceptibility Gene Encoding PRKCB1 and Uses Thereof

Abstract

The present invention discloses the identification of a human ***autism*** susceptibility gene, which can be used for the diagnosis, prevention and treatment of ***autism*** and related disorders, as well as for the screening of therapeutically active drugs. The invention more specifically discloses that the PRKCB 1 gene on chromosome 16 and certain alleles thereof are related to susceptibility to ***autism*** and represent novel targets for therapeutic intervention. The present invention relates to particular mutations in the PRKCBI gene and expression products, as well as to diagnostic tools and kits based on these mutations. The invention can be used in the diagnosis of predisposition to, detection, prevention and/or treatment of Asperger syndrome, pervasive developmental disorder, childhood disintegrative disorder, mental retardation, anxiety, depression, attention deficit hyperactivity disorders, speech delay or language impairment, epilepsy, metabolic disorder, immune disorder, bipolar disease and other psychiatric and neurological diseases.

Figure 22. Demande de brevet déposée en septembre 2010 par IntegraGen pour le gène *PRKCB1* « qui peut être utilisé pour le diagnostic, la prévention et le traitement de l'autisme et des maladies apparentées »... (accessible sur le site du bureau des brevets américains http://www.uspto.gov/patents/process/search/index.jsp).

À la recherche d'une commercialisation effective

Le marché global des tests génétiques est beaucoup plus vaste qu'on ne pourrait l'imaginer vu de France. Le nombre de maladies pour lesquelles un tel test est disponible (ce qui ne signifie pas nécessairement qu'il soit performant) s'élève actuellement à près de deux mille aux États-Unis [10.1]. Apparemment, l'autisme en fait partie, et l'on pouvait noter dès 2007 au moins une entreprise, l'Américaine

Combimatrix, annonçant le lancement d'un test génétique pour la détection de l'autisme (*figure 23*). Il s'agissait en fait de l'analyse globale, grâce à des « puces à ADN », d'un certain nombre de régions variables (délétions ou duplications) dans l'ADN humain : nous avons vu que certaines d'entre elles ont été associées à un risque accru d'autisme dans des études récentes. Mais ce que ne disent pas – et pour cause… – les communiqués de Combimatrix, c'est que les anomalies de ce type n'ont été trouvées que chez 7 % environ des personnes diagnostiquées en tant qu'autistes. L'utilité clinique d'un tel test semble donc très limitée ; d'ailleurs, dans ses communications récentes, l'entreprise insiste bien sur son activité dans le diagnostic, mais appliquée à divers cancers : le terme d'autisme a disparu de sa publicité. Notons néanmoins que les tests de Combimatrix sont maintenant remboursables par Medicare, le système d'assurance santé public qui existe déjà aux États-Unis – mais celui-ci couvre essentiellement les patients âgés de plus de 65 ans, pour lesquels le cancer est un problème nettement plus sérieux que l'autisme.

cbmx
COMBIMATRIX
CORPORATION

CombiMatrix Molecular Diagnostics Launches Microarray Test for Detection of Autism Spectrum Disorder

MUKILTEO, Wash., Dec 18, 2007 (PrimeNewswire via COMTEX News Network) -- CombiMatrix Corporation (Nasdaq:CBMX) announced today that its subsidiary, CombiMatrix Molecular Diagnostics (CMDX), has completed the clinical validation of the first of its ATScan(tm) suite of BAC (Bacterial Artificial Chromosome) array CGH (Comparative Genomic Hybridization) based tests. ATScan is designed to detect known genomic copy-number variations (CNVs) associated with Autism Spectrum Disorder (ASD) and this test is now available to physicians and consumers.

Figure 23. Annonce du lancement d'un test génétique de l'autisme par l'entreprise nord-américaine Combimatrix.

Il existe aussi aux États-Unis de nombreuses « cliniques » (hôpitaux privés) qui se targuent de diagnostiquer et traiter l'autisme : un exemple, Care Clinics (Austin, Texas) qui est spécialisée dans le diagnostic et le traitement des troubles du comportement chez l'enfant. Le site web de cette entreprise[51] s'ouvre sur une vidéo décrivant le calvaire des parents d'enfants autistes et les améliorations spectaculaires apportées par les traitements proposés, qui vont de la « détoxification » par des perfusions censées favoriser l'élimination des métaux lourds à des suppléments alimentaires adaptés à chaque enfant. Selon la rubrique « Tests génomiques » du site, « la recherche et la technologie de pointe nous permettent d'identifier des modifications subtiles qui peuvent exister dans l'ADN de votre enfant et qui peuvent entraver de nombreuses fonctions physiologiques importantes. Parmi les secteurs que nous évaluons en particulier, les prédispositions génétiques pour une mauvaise détoxification, la dérégulation du système immunitaire, la dérégulation chimique du cerveau, les anomalies de la coagulation sanguine et les défauts du métabolisme de la vitamine D. » De ce diagnostic découle le traitement : « Une fois identifiés, les effets de ces modifications subtiles (de l'ADN, NDA) peuvent être progressivement traités et même être ramenés à la normale par des programmes nutritionnels spécifiques. En combinant le test génomique avec les biomarqueurs indiqués ci-dessous, nous arrivons à une compréhension globale de votre enfant qui nous permet de créer un programme de traitement réellement personnalisé. » En

51. www.mycareclinics.com/index.html

somme, une analyse de l'ADN recherchant des anomalies très générales et dont le lien avec l'autisme n'est absolument pas démontré débouche sur un traitement principalement alimentaire censé corriger les anomalies détectées. Tout cela s'apparente à du charlatanisme et s'accompagne de coûts très élevés pour les patients : le montant minimum est de 9 000 dollars, et il peut s'élever à plusieurs dizaines de milliers pour de nombreuses analyses et des traitements prétendument personnalisés (et totalement inefficaces)[52].

Plus sérieusement, d'autres entreprises annoncent la mise sur le marché de tests génétiques fondés sur l'analyse fine des anomalies chromosomiques grâce à des puces à ADN, et censés aider notamment au diagnostic de l'autisme – comme Combimatrix, et avec les mêmes limites. On peut citer à cet égard Signature Genomics, une start-up récemment rachetée par Perkin-Elmer (une firme de bonne taille avec près de dix mille employés), ainsi qu'une nouvelle venue, Lineagen[53] (Salt Lake City, Utah) qui annonce début 2011, le lancement du test FirstStep fondé sur la même technologie. Mais, en somme, il n'existe actuellement pas de test génétique pour l'autisme qui ait une visée générale et soit effectivement commercialisé, à part peut-être celui d'IntegraGen que nous allons maintenant réexaminer.

52. Voir une analyse critique des pratiques de Care Clinic sur le site Autism Watch
www.autism-watch.org/reports/casd/overview.shtml

53. www.lineagen.com

L'apport scientifique d'IntegraGen

Nous avons vu au chapitre précédent qu'IntegraGen a une réelle activité de recherche dans le domaine de la génétique de l'autisme, attestée par un nombre non négligeable de publications scientifiques et de communications dans des congrès. Le dernier article en provenance de l'entreprise [10.2] est paru fin février 2010 dans le premier numéro d'une toute nouvelle revue scientifique appelée *Molecular Autism* et consacrée, comme son nom l'indique, aux travaux portant sur les aspects moléculaires (principalement génétiques) de l'autisme. Il s'agit d'un journal paraissant uniquement sur Internet (sans version papier) mais qui affirme sélectionner les articles – il est bien sûr trop tôt pour avoir une idée de son sérieux et de son facteur d'impact, cela suppose un recul de plusieurs années. Quoi qu'il en soit, le travail rapporté est directement lié à la question d'un test puisqu'il décrit les résultats d'une analyse combinant quatre variants (situés dans quatre gènes différents) pour évaluer le risque d'autisme. Si l'on se souvient des premiers chapitres de ce livre, c'est bien l'approche qu'annonçait IntegraGen dès 2005 : combiner l'analyse de plusieurs gènes dont les variants ont individuellement un faible effet sur le risque d'autisme pour en tirer une prédiction plus solide. Il semble évident qu'une telle combinaison sera plus prédictive que chaque gène pris individuellement – encore faut-il démontrer que c'est effectivement le cas.

Dans cet article, deux des quatre gènes choisis (*SLC25A12* et *EN2*) proviennent des données de la littérature (encore que, comme nous l'avons vu au chapitre précédent, le premier ait aussi été étudié par IntegraGen), et les deux autres

(*PITX1* et *ATP2B2*) ont, eux, été identifiés par les chercheurs « maison » (voir chapitre 9). Pour chacun de ces gènes, les auteurs examinent un Snip qui peut présenter deux allèles, l'un d'eux étant associé (modérément) au risque d'autisme. Ils définissent alors un « score génétique » qui est d'autant plus élevé que l'on trouve plus d'allèles « à risque » dans l'ADN étudié : ce score peut donc varier de 0 (aucun allèle à risque) à 8 (exclusivement des allèles à risque sur les deux chromosomes pour chaque gène examiné). Sans rentrer dans trop de détails techniques, disons qu'après avoir analysé l'ADN de plus de 1 000 enfants considérés comme atteints d'autisme au sens strict[54], et un nombre équivalent de témoins, cette étude montre qu'en effet l'analyse simultanée de quatre gènes améliore la qualité du diagnostic, comme on le voit sur la figure 24. Sa qualité demeure néanmoins très médiocre. Je m'explique : idéalement, un test devrait séparer les enfants autistes des témoins ; montrer par exemple qu'au-dessus d'un score génétique de 6, les enfants sont presque tous autistes, et qu'au-dessous, ils sont généralement indemnes. On voit que c'est loin d'être aussi net : à partir de la valeur 6, les autistes (barres noires) sont majoritaires, mais il reste une proportion très significative de normaux (barres grises) ; au-dessous de 6 les normaux sont en majorité mais avec encore beaucoup d'autistes... En termes plus quantitatifs, la *sensibilité* du test (si l'on met la barre à un score génétique supérieur à 6) est de 17 %, c'est-à-dire qu'il ne révèle que 17 autistes sur 100 (donc moins d'un cinquième) ; sa *spéci-*

54. Autisme strict selon les critères de l'*Autism Diagnostic Interview (Revisited)*, correspondant à peu près à l'autisme infantile de Kanner et à une prévalence de 0,2 %, bien plus faible donc que celle de l'autisme au sens large qui approche aujourd'hui 1 %.

ficité est de 93 %, les témoins n'ont que 7 % de risques d'être classés comme autistes, mais, comme ils sont bien plus nombreux, cela va représenter beaucoup de monde (*voir figure 21, p. 143*). Comme le disent les auteurs, « ces résultats peuvent être considérés comme une première étape vers l'objectif de mettre au point une approche multigénique* pour prédire le risque d'autisme en utilisant des variants fréquents à plusieurs loci ». En somme, quatre gènes valent mieux qu'un seul… mais on est encore loin du compte.

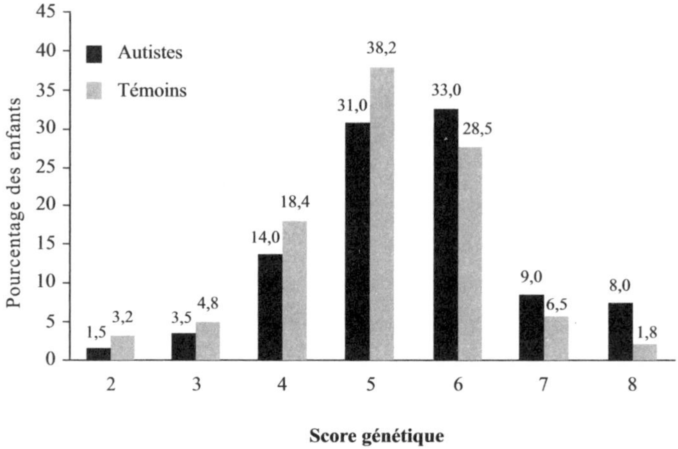

Figure 24. Résultats de l'étude d'IntegraGen publiée dans *Molecular Autism*. Il s'agit d'une analyse génétique pratiquée sur un ensemble d'enfants déjà diagnostiqués comme autistes au sens strict (barres noires), et de témoins indemnes (barres gris clair). Pour chaque valeur du score génétique résultant de l'analyse des quatre gènes choisis, le pourcentage d'enfants atteints ou indemnes est indiqué. On constate qu'en effet la proportion d'autistes augmente avec le score, mais que le test ne permet pas une séparation nette entre malades et témoins (figure adaptée à partir de la figure 1 de Carayol et al., 2010, [10.2]).

Une communication à géométrie variable

Comment ces résultats sont-ils traduits dans la communication d'IntegraGen et dans sa stratégie commerciale ? Le site de l'entreprise fait la part belle à l'autisme, présenté comme un des trois axes de l'entreprise, mais n'annonce pas explicitement le lancement d'un test. On accède en fait à un exposé du « concept IntegraGen » qui explique qu'en combinant plusieurs gènes on peut avoir un test d'évaluation du risque qui ne peut « évidemment (pas) remplacer un véritable diagnostic clinique, (mais) peut compléter utilement les différentes approches actuellement employées » – indication en phase avec les conclusions de l'article que je viens de résumer. La page suivante du site, intitulée « R&D, le pipeline », concerne les développements en cours et parle d'un panel de huit gènes dont les performances seraient deux ou trois fois supérieures au test examinant quatre gènes, et indique qu'une version ultérieure devrait être encore plus performante et permettre d'analyser les « enfants présentant des signes évocateurs d'autisme » : il s'agit là d'une extension aux cas où il y a soupçon d'autisme sans antécédents familiaux. Rien de très concret donc, sinon la confirmation d'une stratégie fondée sur la constitution de panels de plus en plus étendus devant permettre d'améliorer la qualité des prédictions. Notons que pour le moment ces panels n'incluent que des variations ponctuelles dans l'ADN, alors que le rôle de modifications plus étendues (insertions ou délétions, CNV) semble de plus en plus important dans cette affection.

IntegraGen est aujourd'hui une société cotée en bourse (depuis l'été 2010), ce qui lui a permis d'engranger quelques millions d'euros, mais lui impose aussi une certaine transparence, notamment la publication des documents destinés aux investisseurs. Ceux-ci sont accessibles à partir du site ; on y trouve les résultats d'exploitation de l'année 2010[55]. Ils indiquent que la société perd toujours de l'argent, près de 3 millions d'euros au cours de l'année, mais dispose maintenant d'une trésorerie de 6 millions (grâce à son entrée en bourse et à une levée de fonds). Elle a donc de quoi voir venir, situation privilégiée car beaucoup de start-up en biotech n'ont de réserves que pour six mois ou un an. Et surtout, ce document affirme que le test « ARISk » a été lancé aux États-Unis, ce qui ne manque pas de m'étonner. Il serait commercialisé depuis le mois de juin 2010 par la société Transgenomic (Nevada, États-Unis).

IntegraGen et Transgenomic

Je me souviens en effet d'avoir vu, fin février 2010, l'annonce d'un accord de licence entre IntegraGen et Transgenomic. Ce type d'accord permet à une société, moyennant finances, de bénéficier des travaux réalisés par un partenaire et éventuellement de commercialiser un produit. Selon le communiqué publié à l'époque[56] « cet accord permettra à Transgenomic de développer et commercialiser

55. http://www.integragen.fr/upload/Rapport_annuel.pdf

56. http://www.integragen.fr/upload/Press%20Release%20–%20INTG %20TRANSGENOMICS – %20FR.pdf

un test génétique visant à évaluer le risque d'autisme chez les enfants ayant un aîné atteint de ce syndrome. En vertu de cet accord, Transgenomic développera le test au sein de son laboratoire accrédité CAP et certifié CLIA, avec un lancement prévu dans le courant du deuxième trimestre 2010 », et d'ajouter (mention rituelle en ce cas) « les termes financiers de l'accord n'ont pas été divulgués ». Transgenomic aurait donc mis au point et commercialisé un test à partir des résultats discutés ci-dessus ? C'est ce que semble dire le PDG d'IntegraGen dans son document mis en ligne en octobre : « Notre partenaire aux USA, Transgenomic, a également lancé sur le marché américain, ARISk, le premier test permettant d'évaluer le risque d'autisme chez les enfants ayant un aîné atteint de ce syndrome. Transgenomic a été en mesure de valider et d'intégrer ce test dans son portefeuille et de le proposer aux cliniciens en juin dernier… » Pourtant, j'ai beau scruter le site internet de Transgenomic, je n'y vois nulle part mention d'autisme et encore moins l'annonce du lancement d'un test. L'entreprise Transgenomic n'est guère connue en tant que fournisseuse de diagnostics : c'est une firme qui intervient surtout dans le domaine de l'appareillage, et qui va d'ailleurs assez mal. Ses actions (elle est, elle aussi, cotée en bourse) ont fait partie de ce que l'on appelle aux États-Unis les *penny stocks*, les actions à moins de 1 dollar, elles sont descendues jusqu'à 20 centimes alors qu'en 2000 elles cotaient plus de 20 dollars. Elles sont aujourd'hui (mi-2011) à 1,6 dollar, c'est mieux mais pas mirobolant. Je ne sais donc que penser de ces annonces catégoriques.

En cherchant bien…

Je m'obstine pourtant. Le site internet de Transgenomic ne mentionne décidément pas l'autisme, mais en interrogeant le moteur de recherche sur le terme « arisk », je trouve effectivement une page intitulée *ARISkTM Familial Autism Panel*[57] : le test (baptisé *panel*) existe bel et bien, et il est en effet revendiqué par Transgenomic, même si l'on ne peut pas dire que l'entreprise fasse beaucoup d'efforts pour le mettre en évidence.

Voyons donc ce qui est indiqué. La présentation est assez prudente : « Le panel ARISk peut être indiqué pour tester des patients qui ont un frère (ou sœur) diagnostiqué comme autiste » ; plus loin, « en raison de la nature particulière du test, les patients devraient être conseillés (*counseled*, conseillés par un spécialiste de génétique) avant et après le test » ; « ce test ne constitue pas un diagnostic de l'autisme, il est uniquement destiné à évaluer le risque » ; et enfin, « ce test n'a été ni testé ni validé pour des membres d'une fratrie dans laquelle il n'y a pas d'autiste ». En somme ce test, pratiqué dans les laboratoires de Transgenomic sur des prélèvements de sang qui lui sont envoyés (donc dans la configuration *home brew*) ne prétend pas apporter un diagnostic, mais seulement une évaluation du risque d'autisme pour les frères (et sœurs) d'un enfant autiste, conformément à ce qui était indiqué dans l'article de *Molecular Autism* récemment discuté. Simplement, il s'agit d'une version plus évoluée, puisqu'elle s'intéresse à huit gènes au lieu de quatre, et qui, de plus, est effectivement commercialisée (à un tarif de l'ordre de 1 500 dollars).

57. http://www.arisktest.com/14-overview-of-test.htm

Des performances qui restent limitées

Une fois la page du test ARISk trouvée, on peut accéder à de nombreuses informations complémentaires qui permettent de se faire une idée de ses performances. Il s'agit bien d'une analyse portant sur huit gènes, trois qui figuraient dans l'article de *Molecular Autism* (le gène *SLC25A12* a disparu) plus cinq autres[58] dont certains ont déjà été évoqués ici. Pour chacun d'eux, l'entreprise étudie une position du gène afin de déterminer quel allèle est présent. En fonction des analyses pratiquées sur une série de familles comportant plus de 1 000 enfants atteints et près de 500 témoins, l'ensemble de ces résultats permet d'arriver à un « score génétique » qui peut aller de 1 à 12 pour les garçons et de 1 à 14 pour les filles (la formule de calcul est légèrement différente), et définit trois catégories de risque : indéterminé, moyen, ou élevé. Explicitons ces trois niveaux : « indéterminé » correspond au fait, déjà indiqué, que ce genre de test ne peut pas affirmer que le risque est inférieur à la moyenne, dans la mesure où il ne porte que sur une partie des gènes influençant le risque d'autisme. Si les gènes testés s'avèrent présenter les « bons » allèles, on ne peut donc rien dire et l'on n'est pas plus avancé après le test qu'avant. « Élevé » et « moyen » correspondent bien sûr à un risque plus élevé que le risque *a priori* d'un enfant dans une fratrie comportant déjà un autiste. Plus élevé – mais dans quelle mesure ? On note ici que l'entreprise fait la distinction entre garçons et filles –

58. Les gènes ajoutés sont *CNTNAP2, JARID2, HOXA1, MARK1* et *ITGB3*.

distinction justifiée puisqu'on sait depuis longtemps que l'autisme affecte surtout les enfants mâles, mais qui, curieusement, a fait l'objet de peu d'études génétiques jusqu'ici : pour les garçons, un score de 9 à 12 donne un risque « élevé » ; ce niveau n'est atteint pour les filles que si le score est entre 12 et 14. Grâce à un *white paper,* sorte de « livre blanc », en fait un article non (encore ?) publié qui donne des détails sur les derniers travaux d'IntegraGen et de ses collaborateurs [10.3], on peut accéder aux chiffres qui sous-tendent ces classifications. D'après cet article, le risque *a priori* (en l'absence d'autres informations) dans une fratrie comportant un enfant autiste est de 16 % pour un garçon et de 4 % pour une fille – à comparer avec un risque moyen inférieur à 1 % dans la population en général. Un score entrant dans la catégorie « risque élevé » l'augmente de 70 % pour les garçons, de 25 % pour les filles : ce sont des augmentations modérées, bien loin des multiplications par 2 ou 4 revendiquées, par exemple, dans les documents d'entrée en bourse d'IntegraGen. Et en pratique, cela signifie que, pour un garçon, le fait de se retrouver, après analyse, dans la plus mauvaise catégorie fait passer le risque de 16 % à 27 %, pour une fille de 4 % à 5 %... Une information aussi limitée vaut-elle vraiment 1 500 dollars ? On peut en douter. Les performances du test sont tout aussi médiocres si on les exprime, comme précédemment, en termes de sensibilité et de spécificité. Pour les garçons, la sensibilité (qui indique, rappelons-le, la fraction des « vrais » malades détectée par le test) est de 24 %, c'est-à-dire que l'on « rate » les trois quarts des autistes, et la spécificité de 86 %, ce qui peut sembler meilleur : on ne classe par erreur que 14 % des « normaux » dans la catégorie « haut risque », mais comme les normaux sont bien plus nombreux que les autistes, le résultat final est largement faussé. Pour enfoncer le clou sur ce point, supposons que l'on teste 100 frères d'autistes (parmi lesquels vont a priori se trouver 16 autistes et 84 « normaux ») : Arisk va détecter environ 4 des 16 autistes (24 % de 16) et classer presque 12 « normaux » comme autistes (14 % de 84) ; la plupart des autres enfants auront des résultats « indéterminés » ou « moyens ». Inutile de dire qu'avec de telles performances, la perspective d'appliquer un jour le test à la population générale semble tout à fait chimérique. Il est sans doute utile à ce point de noter que le questionnaire de dépistage précoce de l'autisme appelé M-Chat (*Modified Check-list for autism in toddlers*), une liste de 23 questions sur le comportement de leur enfant que les parents remplissent en quelques minutes, revendique une sensibilité de 85 % et une spécificité de 93 % – et pourtant son emploi en dépistage systématique soulève de sérieuses controverses aux États-Unis [10.4, 10.5].

Du bon usage d'un mauvais test

Tous les chiffres cités ci-dessus proviennent, j'y insiste, de la propre communication d'IntegraGen et de Transgenomic, disponible sur leurs sites internet et, *a priori*, peu suspecte de pessimisme. Il faut donc s'interroger sur les raisons de la commercialisation d'un test aussi peu performant et sur le support des espoirs que doivent forcément nourrir ses promoteurs. On peut d'abord considérer qu'il s'agit là d'un début, et qu'ARISk pourra progressivement être enrichi pour porter sur 10, 20 ou 30 gènes et présenter ainsi des performances croissantes. C'est une perspective qui semble réaliste, mais l'expérience des recherches sur d'autres maladies complexes montre que, logiquement, ce sont les gènes ayant l'effet le plus important qui sont détectés en premier, et que les travaux ultérieurs n'apportent qu'une contribution très minime à la valeur prédictive des analyses [10.6, 10.7] – même s'ils s'avèrent utiles du point de vue de la compréhension de l'affection. Un test analysant 30 gènes sera un peu meilleur que celui qui en étudie 8 – mais dans des proportions modérées. En fait, les raisons sont probablement plus sociologiques que scientifiques : la pression des associations de parents d'autistes qui réclament un critère de diagnostic objectif et nourrissent encore beaucoup d'illusions sur les possibilités de la génétique dans un tel cas, et l'ambiance favorable au développement de telles approches outre-Atlantique, avec notamment les entreprises de « génomique personnelle » qui prétendent vous vendre un profil génétique personnalisé ayant des implications médicales précises (ce qui est archi-faux [10.8]). Sans oublier le contexte bien particulier d'une pratique médicale très onéreuse mais aussi très judiciarisée aux États-Unis, où les malades n'hésitent pas à attaquer en justice les médecins, notamment s'ils estiment que tous les examens nécessaires n'ont pas été pratiqués.

11

Retour à IntegraGen

L'assassin revient toujours...

... sur les lieux du crime, selon le dicton. Cette formulation est bien sûr exagérée, mais, tandis que mon taxi se force un passage dans la circulation démentielle autour d'Orly, je me demande un peu comment je vais être reçu tout à l'heure à IntegraGen. Après tout, j'ai sévèrement critiqué leur annonce d'un « test autisme », faite il y a maintenant six ans, ils ont failli à l'époque m'attaquer moi aussi en justice – l'accueil pourrait être un peu froid, même s'ils ont accepté de me rencontrer dès ma première sollicitation. Mais j'ai besoin de savoir où en sont l'entreprise et ses scientifiques, comment ils analysent le relatif piétinement qui a caractérisé la recherche sur les déterminants génétiques de l'autisme au cours des années écoulées depuis leur première annonce, et quelles sont leurs perspectives tant scientifiques que commerciales.

Pour commencer, Jorg Hager

Cette reprise de contact n'est pas exactement la première, puisque j'ai déjà vu il y a quelques semaines Jorg Hager, directeur scientifique d'IntegraGen lors de l'affaire, et mon principal interlocuteur en 2007. Une consultation rapide du site de l'entreprise [11.1] ayant indiqué la persistance de l'autisme comme thème majeur, mais aussi un changement de tout le personnel, je souhaitais savoir comment sa vision avait pu évoluer dans l'intervalle. Jorg Hager a quitté IntegraGen en 2009 tout en demeurant au conseil scientifique de l'entreprise, et est maintenant directeur du département de génétique humaine au Centre national de génotypage (CNG). Il s'agit en fait d'un retour aux sources puisque c'est là qu'il avait mis au point la fameuse technique *Identity by descent* décrite au chapitre 7. Sa carrière est d'ailleurs marquée par des allers-retours entre secteur public et privé, itinéraire encore assez rare mais qui tend à devenir plus courant. Toujours est-il que j'étais parvenu, fin 2010, à obtenir sa nouvelle adresse internet et à le contacter pour lui proposer une discussion – ce qu'il avait accepté assez facilement, bien que la rencontre ait tardé à se concrétiser en raison de problèmes d'emploi du temps et d'un malencontreux accident de moto sur l'autoroute le jour de décembre où j'allais prendre l'avion de Paris pour ce rendez-vous.

Mais ce n'était que partie remise, et je m'étais retrouvé, début février 2011, à l'entrée du CNG. Le CNG est un des deux grands centres de recherche publics implantés à Évry dans la foulée du Généthon (chapitre 7), l'autre étant le Centre national de séquençage ou Génoscope. Il s'agit de structures créées à la fin des années 1990 afin d'assumer la participation française au programme Génome – dont le but à l'époque était l'obtention de la séquence de l'ADN humain, tâche qui occupa des dizaines de laboratoires dans de nombreux pays et atteignit son objectif au début des années 2000 après avoir englouti près de 3 milliards de dollars (1 dollar par base lue dans notre génome). La participation française à ce projet resta modeste par rapport à celles des États-Unis et de la Grande-Bretagne, mais elle permit tout de même à notre nation d'avoir une place notable dans ce grand projet, comparable, par exemple, à celle du Japon. Le Génoscope s'est consacré au séquençage proprement dit, le CNG s'intéressant plutôt à l'amélioration de la carte génétique (le « génotypage ») et d'une manière générale à l'étude des maladies génétiques. Il s'agit dans les deux cas de structures de recherche importantes, rassemblant plus d'une centaine de chercheurs, beaucoup de machines, et bénéficiant de budgets annuels s'élevant à plusieurs dizaines de millions d'euros. Leur coordination avec les laboratoires de recherche « normaux » du CNRS, de l'Inserm ou des universités – souvent moins bien dotés financièrement, et surtout handicapés par des règles administratives très rigides – n'a d'ailleurs pas toujours été très harmonieuse…

L'autisme n'existe pas – mais les endophénotypes vont permettre d'avancer

L'ambiance de cet entretien avec Hager est cordiale – comme lors de notre entrevue il y a quatre ans, et je ne sens chez mon interlocuteur ni agressivité ni désir d'expédier la discussion. Nous parlons science, et assez vite Jorg Hager résume sa position d'une manière surprenante : *There is no such thing as* *autism*, affirme-t-il, « l'autisme n'existe pas », une affirmation paradoxale de la part de quelqu'un qui a consacré à cette affection plusieurs années de sa carrière. Ce qu'il entend par là, c'est que la définition de ce syndrome est trop vague et que, du coup, ses causes génétiques peuvent être si diverses que leur recherche est vouée à l'échec. On peut à cet égard faire un parallèle avec le retard mental, autre phénotype aux contours très flous et dont les déterminants génétiques sont multiples. Pour Hager, il faut absolument tenter de définir et d'étudier des éléments constitutifs plus simples, plus précis, mieux quantifiables, ces endophénotypes* que nous avons déjà évoqués, par exemple le retard à l'apparition du langage[59]. On peut espérer que les corrélats génétiques de tels composants soient plus simples – donc plus accessibles à l'étude – que l'autisme dans son ensemble, et que l'on puisse ainsi progresser dans la compréhension de cette affection. Il s'étonne aussi que, curieusement, les raisons d'une atteinte préférentielle des garçons par rapport aux filles (dans un rapport de 4 à 1) aient été si peu mises en avant et si peu étudiées, alors que cette distorsion constitue peut-être une piste intéressante.

Hager continue pourtant à défendre l'intérêt d'un test génétique – tout en affirmant que celui-ci ne permettra jamais à lui seul de poser un diagnostic d'autisme, mais qu'il peut être utile au sein d'un ensemble d'éléments cliniques. Il fait d'ailleurs remarquer que ceux-ci sont également sujets à défauts et approximations[60]. Il espère toujours que le recours aux endophénotypes permettra d'obtenir des corrélations plus robustes

59. Notons que c'est ce qui a déjà été fait pour le dernier article (*Molecular Autism*) avec une définition restrictive correspondant à une prévalence de 0,2 %.

60. Mais leurs performances ne sont pas si mauvaises, voir [10,4].

et plus utiles aux cliniciens, et n'a pas tout à fait abandonné l'espoir qu'un jour un test soit suffisamment performant pour être employé même en l'absence d'antécédents familiaux. Pour ma part, je reste très sceptique sur cette perspective.

Les aspects éthiques et médiatiques

Nous abordons aussi les polémiques déclenchées par l'annonce initiale d'IntegraGen. Hager me fait remarquer que celles-ci ont été limitées à la France et qu'elles n'ont eu d'écho ni en Grande-Bretagne ni en Allemagne (dont il est originaire, ayant obtenu son doctorat à l'université de Bonn). Cela ne me surprend guère pour nos voisins anglais dont je connais la vision très pragmatique des questions éthiques : ils se placent le plus souvent dans ce que l'on appelle l'approche utilitariste, qui considère avantages et inconvénients de manière très concrète sans trop s'attarder sur des concepts comme la « dignité humaine » dont, au contraire, notre pays fait grand cas. Cela m'étonne plus pour l'Allemagne où l'opinion – toujours traumatisée par le souvenir de l'époque nazie – est ultra-sensible sur tout ce qui pourrait toucher aux utilisations néfastes de la génétique : opposition virulente aux OGM, et interdiction absolue du diagnostic préimplantatoire, par exemple. Je suppose néanmoins que ce que rapporte Hager est exact – et que l'intensité des réactions dans notre pays peut aussi, après tout, s'expliquer par le fait qu'IntegraGen est une entreprise française. Je note au passage que, comme lors de notre discussion précédente, il ne voit pas de différence flagrante, au niveau éthique, entre un test portant sur l'autisme et un autre évaluant, par exemple, la propension au diabète. En d'autres termes, il n'est pas sensible au fait qu'un test annonçant un risque élevé d'autisme peut avoir un effet de « prédiction autoréalisatrice », en exacerbant l'inquiétude des parents envers leur enfant maintenant étiqueté « à haut risque », et en modifiant leur comportement à son égard. L'ambiance de notre discussion étant très détendue, je me hasarde à lui demander comment il a vécu le procès en diffamation d'IntegraGen contre *Déclic* (procès gagné, rappelons-le, par l'entreprise, même si elle n'a obtenu qu'une condamnation symbolique et non les 100 000 euros demandés). Sa réponse me montre qu'en fait, ce qui l'avait choqué dans l'éditorial de *Déclic*, c'étaient les qualificatifs insultants envers les chercheurs d'IntegraGen, et aussi la manière dont on leur reprochait, dans cet article, mais aussi de la part de l'Inserm, de commercialiser un test en libre-service. Selon Hager, la confusion faite dans le premier article du *Monde* entre *home brew* et *home test* avait été levée, et cette critique de la part de l'Inserm relève d'après lui de la mauvaise foi. Cette accusation m'étonne un peu, et je cherche à mon retour à consulter l'avis qu'avait préparé à l'époque le comité d'éthique de l'Inserm [11.2], présidé par Jean Claude Ameisen[61], et constate qu'il n'y en a aucune trace sur le site de l'organisme. La version préliminaire en ma possession parle effectivement de *home test*, et d'après les collègues que je consulte, l'avis n'a jamais été formellement publié, sans doute en raison des interférences entre IntegraGen et l'Inserm (qui faisait partie des actionnaires de la firme). Bref, tout cela illustre la complexité des rapports entre public et privé, et justifie dans une certaine mesure le ressentiment exprimé par Hager.

61. Et dont je faisais en principe partie, sans guère y participer en raison de mon éloignement géographique mais aussi de mon peu de goût pour l'ambiance très « parisianiste », à mon sens, des débats.

IntegraGen, enfin…

Nous sommes maintenant début avril 2011. Me voici à la porte d'entrée de l'entreprise, installée dans une partie des anciens locaux de Genset, qui fut une brillante start-up française dirigée par Daniel Cohen[62] (directeur scientifique) dans les années 1990, avant de perdre beaucoup d'argent, d'être rachetée par la société suisse Serono et d'abandonner son implantation à Évry. Locaux simples et clairs, dans le style préfabriqué haut de gamme et sans luxe excessif. La responsable administrative me reçoit aimablement et m'introduit dans le bureau du PDG, Bernard Courtieu. Comme celui-ci n'est pas rentré de déjeuner, elle m'y laisse seul une dizaine de minutes. Bigre ! Ce n'est pas la parano ici : le bureau du CEO[63], c'est en quelque sorte le saint des saints, avec sûrement des documents confidentiels sur lesquels je pourrais jeter un œil indiscret. Nous sommes, à l'époque, en pleine affaire d'espionnage chez Renault, cette rocambolesque accusation qui devait rapidement se dégonfler, révélant au passage un climat délétère de suspicion paranoïaque au sein de la firme. Rien de tel ici, alors même que je pourrais être considéré comme un ennemi de l'entreprise, à tout le moins un scientifique critique (d'autant que j'ai, entretemps, publié un autre article mettant IntegraGen en cause [11.3]), et que de multiples dossiers s'étalent sur le bureau, juste à côté de moi…

62. Acteur-clef, avec Bernard Barataud (AFM) de l'aventure du Généthon, voir chapitre 7.

63. *Chief executive officer*, version anglo-saxonne de PDG et terme le plus souvent employé dans les start-up.

Les locaux sont les mêmes que lors de ma dernière visite au printemps 2007, mais l'équipe est presque totalement renouvelée, comme j'ai pu le voir en consultant le site internet pour préparer ma visite. Bernard Courtieu a remplacé Jan Mous à l'automne 2007, et l'ensemble de l'équipe de direction a changé. Le responsable de la génomique (c'est-à-dire des travaux de recherche) est maintenant Francis Rousseau, que je rencontrerai tout à l'heure. Les techniques mises en œuvre ont évidement suivi les évolutions techniques ultra-rapides du secteur : je verrai, lors d'une rapide visite des laboratoires, plusieurs « séquenceurs de nouvelle génération », ces machines à un demi-million d'euros qui sont capables, en une semaine, de lire l'ensemble du génome d'un individu – rappelons que la première lecture d'un génome humain avait pris une bonne dizaine d'années, mobilisé des centaines de chercheurs et de techniciens, et coûté plusieurs milliards d'euros… Quant aux thèmes de recherche, ils sont maintenant recentrés autour de l'autisme et d'un peu de cancérologie, les travaux précédemment menés sur le diabète et sur diverses maladies métaboliques ayant apparemment été arrêtés. Recentrage qui m'étonne un peu, compte tenu du piétinement des recherches décrit lors des chapitres précédents : est-ce vraiment dans ce domaine qu'une start-up peut espérer déboucher sur un projet commercial viable ?

« Coupable mais pas responsable »

Mais voici Bernard Courtieu, qui arrive en s'excusant de son léger retard. La quarantaine, d'un abord ouvert et sympathique, il entre tout de suite dans le vif du sujet en revenant sur les évènements de 2005-2006, l'annonce du prochain lancement d'un test génétique de l'autisme relatée dans les premiers chapitres de ce livre. Il se déclare, de manière un peu surprenante, « coupable mais pas responsable », voulant dire par là qu'en tant que CEO il assume les fautes commises à l'époque (admettant par là même qu'il y a effectivement eu des erreurs), tout en rappelant qu'il n'était alors pas présent à la direction. Selon lui, les résultats annoncés en 2005 sont aujourd'hui effectifs : des données solides sur des gènes influençant le risque d'autisme ont été obtenues, et un test d'évaluation du risque est effectivement commercialisé (le *panel* Arisk vendu par Transgenomic). Les annonces ont simplement été faites cinq ans trop tôt… Il reconnaît, affirme même, que la communication d'IntegraGen a été inadéquate et que le test n'aurait pas dû être annoncé en ces termes. Il me laisse entendre que le PDG d'alors (Jan Mous) s'est laissé déborder par l'agence de communication, qui a fait passer en force un message très porteur pour les investisseurs mais aussi très décalé par rapport à la réalité. Dont acte, de tels dérapages ne sont pas exceptionnels dans ce secteur de la biotech, même si l'on est en droit d'attendre d'un dirigeant qu'il maîtrise la communication de son entreprise.

Courtieu, qui a une formation scientifique, comme vétérinaire, mais aussi un MBA[64] et un parcours professionnel du côté du business, me présente ensuite la situation actuelle de l'entreprise. Celle-ci continue à perdre de l'argent, ce qui n'est pas anormal pour une start-up de son âge, mais la perte est importante, près de 3 millions d'euros en 2010. Son chiffre d'affaires, un peu plus de 3 millions, provient presque

64. « Le Master of Business Administration, ou MBA, est le diplôme international d'études supérieures du plus haut niveau dans le domaine de la conduite globale des affaires : stratégie, marketing, finances, ressources humaines et management », Wikipedia.

exclusivement d'activités de service (séquençage et génotypage pour le compte de laboratoires publics ou privés), et les dépenses dépassent largement ce montant. L'entrée en bourse réussie à l'été 2010 permet à IntegraGen de disposer de réserves importantes, mais il est bien sûr essentiel que les recherches en cours débouchent sur des produits susceptibles, à terme, d'équilibrer le bilan. Ces travaux concernent principalement l'autisme, sur lequel je vais revenir, et, dans le secteur de la cancérologie, les cancers du foie et du côlon pour lesquels IntegraGen travaille sur des biomarqueurs susceptibles de prédire l'efficacité de certains traitements. En revanche, les recherches sur le diabète et les maladies métaboliques ont été abandonnées, car l'entreprise n'avait pas d'atout décisif dans ce secteur très concurrentiel. Pour éviter les errements du passé, l'équipe intègre maintenant un directeur médical, et travaille en liaison étroite (pour l'autisme) avec certains des « Centres de ressources autisme » mis en place par l'association Autisme France [11.4, 11.5] ainsi qu'avec des cliniciens français renommés, notamment au groupe hospitalier parisien de la Pitié-Salpêtrière, et également avec plusieurs départements cliniques aux États-Unis. Et c'est une nouvelle agence qui gère maintenant la communication de l'entreprise…

Pendant que nous en sommes à l'organisation, je demande à mon interlocuteur de m'expliquer les modalités des relations entre IntegraGen et la société américaine Transgenomic, qui m'avaient laissé un peu perplexe (voir chapitre 10). Selon lui, Transgenomic, qui a connu un grand succès à la fin des années 1990 en commercialisant des systèmes d'analyse d'ADN maintenant dépassés, tente effectivement une reconversion vers les activités de diagnostic. Elle a déjà atteint un chiffre d'affaires de 16 millions de dollars dans ce domaine, ce qui est substantiel. Le test Arisk est bien un produit Transgenomic, mis au point grâce à une licence exclusive achetée à IntegraGen ; la filiale américaine IntegraGen, Inc., quant à elle, se prépare à prendre en charge le développement scientifique et clinique d'une version ultérieure qui impliquera, ou non, Transgenomic selon les résultats de futures négociations. Tout cela ne me semble pas très clair, et il s'agit sans doute – à mon avis – d'une solution transitoire qui permet à IntegraGen de tester un marché certainement plus réceptif que le nôtre à un tel produit, tout en se gardant diverses possibilités pour l'avenir.

Objectifs et utilité d'un test sur le risque d'autisme

Nous en venons au fond de la discussion. Pourquoi un test, à quoi peut-il servir et à qui envisage-t-on de l'appliquer ? Bernard Courtieu reconnaît volontiers que les performances actuelles du test d'ARISk sont très modestes – rappelons que sa sensibilité est faible, c'est-à-dire qu'appliqué à une population d'enfants déjà diagnostiqués il ne détecte qu'une partie des autistes, et que sa spécificité n'est pas totale, ce qui signifie qu'il va donner un nombre notable de « faux positifs », enfants considérés comme « à haut risque » alors qu'ils sont indemnes. Mais il affirme que de nouveaux résultats très favorables ont récemment été obtenus et qu'ils vont considérablement améliorer les performances de l'analyse. Et il précise bien les conditions d'application du test : il ne s'agit pas de dire si un enfant est, ou n'est pas, un futur autiste, mais d'ajouter un élément à un faisceau d'indications (principalement au niveau du comportement) afin, le cas échéant, de faire procéder à un examen clinique par un spécialiste chevronné pour diagnostiquer l'affection le plus tôt possible – étant entendu que toute intervention est d'autant plus efficace qu'elle est précoce. Dans le jargon anglo-français du secteur, il s'agit d'un élément permettant de « fast-tracker » (de mettre sur la *fast track*, la piste d'urgence) certains enfants pour qu'ils voient très vite le spécialiste – et en aucun cas d'un « test génétique de diagnostic de l'autisme » comme annoncé en 2005. Je soulève une fois de plus le risque d'étiquetage, de stigmatisation, d'enfants dont le résultat à « haut risque » déclencherait l'attention angoissée des parents, la différenciation du reste de la fratrie, et pourrait ainsi contribuer à l'apparition de l'affection même que l'on souhaite éviter. Courtieu me semble, comme Hager précédemment, peu sensible à ces considérations. Il insiste, à l'inverse, sur le risque de *ne pas* faire le test, de se priver d'un élément qui aurait pu pousser à un diagnostic plus précoce et à une intervention plus efficace.

Je constate enfin que, comme Hager, il envisage volontiers l'extension de cet examen d'ADN à tout enfant présentant une suspicion d'autisme, qu'il y ait ou non antécédent familial. La position est logique pour un industriel qui souhaite naturellement que son produit connaisse la plus large diffusion possible : rappelons que, dans ce cas, le marché potentiel, pour les seuls États-Unis, passerait de 10 000 à 100 000 tests par an environ. En réalité, l'analyse n'a été jusqu'ici pratiquée que dans des familles comportant un ou plusieurs cas d'autisme, et on ignore quelles seraient ses performances en l'absence d'antécédent familial. Cela dit, je ne vois pas de raison *a priori* pour que les résultats soient plus mauvais dans ce nouveau cas de figure, et la position de Courtieu présente une certaine logique – pour autant que le test soit suffisamment performant ! Reste à être certain qu'il serait bien interprété comme un élément (parmi d'autres) suggérant un passage en *fast track*, et non comme une procédure révélant la présence de « mauvais gènes » et prédisant le « destin » de l'enfant concerné. Le passé récent n'incite pas à l'optimisme sur la capacité du public, et même du corps médical, à appréhender correctement les limites de telles analyses : pensons aux affaires du « gène de la criminalité », du « gène de l'homosexualité » [11.6], ou, pour citer un exemple tout récent, du « gène de l'impulsivité » [11.7, 11.8]...

Des scientifiques très confiants

Je poursuis ma visite par un entretien avec Francis Rousseau, directeur de la génomique, c'est-à-dire à la fois des activités de service et de la recherche. C'est un scientifique qui, après un doctorat de génétique humaine dans un excellent laboratoire parisien, a travaillé dans plusieurs entreprises innovantes (Aventis-Pharma, Genodyssée...) ainsi que dans le cadre de Généthon avant de rejoindre IntegraGen en 2002. La quarantaine lui aussi, il a en quelque sorte pris la place de Jorg Hager après avoir largement participé aux travaux d'IntegraGen – on le retrouve d'ailleurs parmi les signataires de la plupart des publications. Il est accompagné de François Liebaert, clinicien qui va remplacer l'actuelle directrice médicale, et d'un jeune généticien nouvellement arrivé dans l'entreprise. L'ambiance est nettement plus fraîche, et je sens chez mes interlocuteurs une certaine réserve. Me voient-ils comme un ennemi potentiel, sont-ils intimidés par mon âge et mon passé dans le secteur, ou simplement attentifs à ne pas trop en dire ? Toujours est-il que cette entrevue, au cours de laquelle c'est essentiellement Francis Rousseau qui s'exprime, ne m'apporte guère d'éléments nouveaux par rapport à la discussion précédente. Je note l'importance accordée aux collaborations avec les cliniciens, notamment aux États-Unis où IntegraGen semble avoir une bonne image dans ce monde très particulier, et le positionnement du test conforme à ce que m'avait dit Courtieu – élément d'appréciation pour faire passer un enfant en *fast track*, et vocation à s'élargir aux cas sans antécédent familial. Rousseau insiste sur de nouveaux résultats (qu'il ne peut me divulguer) qui améliorent considérablement les performances : ceux-ci vont faire prochainement l'objet d'une publication (le *white paper* mentionné au chapitre 10, enrichi et renforcé par ces nouvelles données) qui devrait avoir un gros impact. Il est très catégorique, mais évidemment je ne suis pas en état de juger l'importance réelle de cette avancée – et, comme presque toujours en biotech, les résultats risquent de ne pas être tout à fait à la hauteur des espérances[65].

Un recul à prendre

Tandis que mon avion amorce sa descente sur Marseille, survolant le mont Ventoux et le Petit Lubéron dont le soleil couchant fait ressortir tous les reliefs, je repense à cette journée à Évry et, finalement, à la sympathie que j'ai ressentie pour tous ces gens qui essaient de faire vivre et se développer leur entreprise. Ancien chercheur académique à 100 %, très ignorant du

65. Un écho dans une lettre spécialisée a fait allusion à une nouvelle version fondée sur le séquençage d'ADN, mais en attendant (novembre 2011), le panel ARISk (et le white paper mentionné au chapitre 10) ont disparu d'Internet. Il semble donc bien que ce test soit mort-né…

monde de l'industrie, je l'ai peu à peu découvert depuis une dizaine d'années, à la faveur d'activités de consultance rendues possibles par ma (semi) retraite, et y ai découvert de petites start-up en biotech nées d'une idée de chercheur, des structures rassemblant vingt, trente ou quarante personnes, au sein desquelles on travaille dur pour arriver à transformer un concept en un produit rentable. Rentable parce qu'il correspond à un besoin, qu'il ouvre de nouvelles possibilités, et qu'il permet de mieux soigner des malades ; qu'il constitue, en somme, la traduction concrète et médicale de notre travail de chercheur pur attaché à élucider les mécanismes du vivant. Je dois pourtant résister à cette sympathie, et me demander si – notamment dans le cas d'IntegraGen – tout ceci débouche sur une réelle utilité sociale, et si les effets négatifs ne l'emportent pas en dernière analyse. Que la demande existe, c'est avéré : parents, neuropédiatres et associations réclament presque tous un « test génétique » – mais je suis certain que la plupart imaginent que cet examen va (enfin !) lever leurs incertitudes, dire si oui ou non cet enfant un peu bizarre est autiste (ou en voie de le devenir). L'ADN n'est-il pas porteur de notre destin, comme on l'annonce de plus en plus, avec les pseudo-découvertes du « gène de l'homosexualité », de l'alcoolisme ou de la dépression ? Comment faire comprendre, face à toutes ces attentes, que le test proposé n'apporte qu'une petite contribution à l'identification d'enfants un peu plus vulnérables que d'autres ? Accessoirement, cette information vaut-elle vraiment plus de 1 000 euros ? Et les enfants dont le risque semble, d'après l'analyse, être (légèrement) plus élevé que la moyenne ne vont-ils pas de ce fait subir au décuple l'attention inquiète de leurs parents, dès lors persuadés qu'ils sont en quelque sorte « pré-autistes » ?

12

Des progrès inutiles ?

Des avancées médicales illusoires

En fait, l'interrogation sur laquelle se termine le chapitre précédent s'applique à bien d'autres domaines. Les intenses recherches menées dans d'innombrables laboratoires sur les mécanismes du vivant débouchent de plus en plus sur des applications diagnostiques ou thérapeutiques. Celles-ci, après une phase de développement industriel et l'obtention d'autorisations de mise sur le marché délivrées par différents organismes, entrent dans la pratique clinique et sont, le plus souvent, prises en charge par les systèmes d'assurance-maladie. En dépit de ce processus qui semble sécurisant, il n'est pas inutile de jeter un regard critique sur l'utilité réelle de certaines nouveautés. Je ne parle pas ici des produits qui s'avèrent avoir des effets secondaires rares mais dramatiques, comme l'a montré récemment l'affaire du Médiator, et dont les dégâts sont accentués par une trop grande consanguinité entre l'industrie et les organismes de contrôle, mais d'aberrations plus subtiles. Dans le domaine des thérapies anticancéreuses, il existe des molécules dont l'efficacité a été dûment prouvée par des essais cliniques en bonne et due forme, montrant de manière statistiquement significative que leur emploi retardait l'apparition de récidives ou prolongeait la survie. Les statistiques sont probantes – mais le gain est parfois très faible : deux ou trois semaines de plus avant la rechute, par exemple, et une survie globale qui n'augmente pas. Cela a parfois suffi à emporter l'adhésion des organismes de contrôle et à introduire ces molécules dans les protocoles de soin. Mais, gagner deux semaines de survie, au prix d'effets secondaires souvent fort pénibles pour le malade, grâce à un traitement d'un coût très élevé[66], est-ce réellement pertinent ? Bien des voix s'élèvent actuellement, dans le milieu scientifique et médical, pour que les critères d'approbation deviennent plus sévères : « Les traitements pour le cancer devraient ajouter (à la vie) des mois, pas des semaines », titrait récemment la respectée revue *Nature Medicine* [12.1].

Les tests aussi…

Les tests de diagnostic eux-mêmes peuvent être inutiles, ou même parfois nuisibles : on en a pris conscience récemment avec le dépistage du cancer de la prostate. Mené de manière très large grâce à l'analyse des taux de PSA[67], celui-ci a abouti à la découverte d'un grand nombre de tumeurs peu développées – ce qui a d'ailleurs triplé l'incidence apparente de ce type de cancer entre 1975 et 1995. Cela a entraîné plus d'opérations, avec des conséquences sérieuses (impuis-

66. Le coût d'une cure se situe souvent entre 10 000 et 100 000 euros.
67. *Prostate-specific antigen*, une protéine dont le taux élevé peut être indicatif d'une tumeur et induire des explorations plus poussées.

sance, incontinence) pour certains des intéressés, avant que l'on ne se rende compte que la plupart de ces tumeurs, détectées chez des sujets âgés, ont une évolution très lente et que la décision d'intervenir doit être très soigneusement pesée : il est souvent préférable de ne rien faire. Depuis 1995, l'incidence mesurée a baissé, du moins aux États-Unis, du fait d'un dépistage moins agressif ; et cela n'a pas empêché la mortalité due à ce cancer de continuer à décroître. La détection précoce, en principe toujours positive pour les patients, avait donc eu, dans ce cas, un effet franchement délétère. D'autres tests connaissent un grand succès alors même que leur utilité clinique*[68] réelle n'est pas (encore ?) prouvée : l'un d'eux, appelé Oncotype, fournit un bon exemple d'une telle situation.

L'histoire d'Oncotype

Le test Oncotype, commercialisé aux États-Unis (et depuis peu en Europe) par la société Genomic Health, appartient justement à cette « médecine génomique » dont on parle beaucoup actuellement. Il est représentatif d'une nouvelle génération d'analyses en cancérologie, qui cherche à apporter des informations sur l'évolution probable d'une tumeur grâce à l'analyse des gènes qu'elle exprime. On peut en effet étudier un petit fragment d'une tumeur (après son ablation), et y mesurer l'expression d'un ensemble de gènes, et ces données

68. On dit qu'un test a une utilité clinique s'il est montré (par l'expérimentation) que l'emploi de ce test aboutit effectivement à un meilleur résultat pour le malade (un traitement plus efficace, ou l'omission d'un traitement inutile) ainsi éventuellement qu'à des économies pour le système de santé.

peuvent, grâce à des études menées de manière rétrospective sur de grandes séries de tumeurs, être reliées aux caractéristiques du cancer. Dans le cas d'Oncotype, il s'agit de cancer du sein, et la question clinique à laquelle on cherche à répondre est celle de la nécessité d'une chimiothérapie. Car on sait qu'une série de chimiothérapies après ablation de la tumeur améliore statistiquement le pronostic des malades (la survie à cinq ans dans ce type de cancer est relativement bonne, de l'ordre de 70 à 80 %), et ce traitement est actuellement pratiqué de manière à peu près systématique. Mais on sait aussi, à travers de nombreuses études rétrospectives, que cette chimiothérapie n'est réellement utile que pour 10 à 20 % des patientes – et que 80 à 90 % en subissent les lourds effets alors qu'elles n'en ont pas besoin. Le problème est que l'on n'est actuellement pas capable de déterminer quelles malades auront besoin de ce traitement – et qu'il est donc appliqué à toutes. Le test Oncotype vise à répondre à cette question, et fournit un « indice de récurrence » censé mesurer le risque que la malade rechute – donc l'intérêt et la nécessité d'une chimiothérapie préventive. Néanmoins, le bénéfice et l'utilité clinique du test ne sont pas encore rigoureusement prouvés, cela nécessite une étude prospective de grande ampleur actuellement en cours mais dont les résultats ne seront obtenus que d'ici deux ou trois ans au plus tôt. Oncotype est pourtant commercialisé depuis plusieurs années ; bien qu'il s'agisse d'un produit très onéreux (environ 3 000 euros), il rencontre un grand succès : plus de 50 000 tests ont été vendus en 2010, et Oncotype est remboursé par la quasi-totalité des assurances-santé aux États-Unis.

Les raisons d'une inflation

Tout ne semble donc pas totalement rationnel dans le monde de l'innovation médicale. On peut bien sûr, et à juste titre, incriminer le lobby de l'industrie de la santé : toute entreprise commerciale cherche à augmenter son chiffre d'affaires, et à imposer sur le marché des produits dont l'utilité n'est pas avérée, sans hésiter le cas échéant à influencer des instances censément indépendantes ou à s'assurer, à coup de cadeaux plus ou moins déguisés, la bienveillance de scientifiques influents. Qu'ils en soient conscients ou non, les chercheurs « purs » sont souvent complices de ces démarches, dans la mesure où eux aussi, sommés de justifier l'utilité sociale de leurs travaux, ont tendance à en amplifier les retombées médicales et à anticiper sur des conséquences encore lointaines. Ces pressions sont renforcées, notamment aux États-Unis, par l'air du temps : l'ADN est à la mode, et la croyance en sa toute-puissance pour déterminer les destins individuels est très répandue. La demande de prise en charge de sa propre santé (*empowerment*) est aussi très forte, dans une ambiance de méfiance vis-à-vis des autorités fédérales (voir le rejet presque majoritaire d'une réforme pourtant indispensable du système de santé nord-américain, et plus généralement le succès des *Tea parties*), ce qui explique aussi le succès des sociétés de profilage génétique du type de 23andMe ou Navigenics alors même que les résultats fournis n'ont pratiquement aucune validité. Que ce soit chez nous ou outre-Atlantique, chaque malade revendique d'accéder à ce qu'il pense être le meilleur traitement possible, indépendamment de toute considération économique et souvent sur la base d'informations publicitaires. Ces diverses influences vont dans le même sens, celui d'une consommation médicale inflationniste et de patients à l'affût de chaque nouveauté, quel que soit son degré de sérieux.

Toujours aux États-Unis, un dernier mécanisme joue lui aussi en faveur du recours à ces innovations : il s'agit de la judiciarisation poussée des relations entre médecins et malades. Les procès en *malpractice* (mauvais exercice de la médecine, terme large qui va bien au-delà de la notion d'erreur médicale) sont monnaie courante et aboutissent souvent à des condamnations dont les conséquences financières sont extrêmement lourdes pour le praticien[69]. Du coup, naturellement, ces derniers « ouvrent le parapluie » et procèdent à de multiples examens même si leur utilité n'est pas démontrée – afin qu'on ne puisse rien leur reprocher à l'avenir. Et voilà comment on en arrive à dépenser pour la santé près du double du montant français, avec pourtant un niveau sanitaire très inférieur tant pour la mortalité infantile que pour l'espérance de vie. Pour en revenir, après un long détour, à l'exemple étudié dans ce livre, on voit pourquoi les perspectives commerciales d'un test génétique de l'autisme (pardon : d'un *panel génétique destiné à évaluer le risque d'autisme*) peuvent paraître excellentes alors même que les performances de l'analyse en question sont fort médiocres.

Comment raison garder

Voilà donc bien un secteur où la « main invisible » du marché ne joue pas en faveur de l'intérêt général, mais au

69. Pour un médecin, la seule prime d'assurance à ce titre peut dépasser deux cent mille dollars par an [12.2].

contraire exacerbe des tendances néfastes. Il faut donc des systèmes de régulation qui vérifient la pertinence et, osons le mot, le bon rapport qualité-prix des innovations proposées par industriels et start-up. Nous vivons, en France, dans un système où ces régulations existent encore : contrôle par l'AFSSAPS (Agence française de sécurité sanitaire des produits de santé) de la mise sur le marché des médicaments, exclusivité médicale pour les tests génétiques. On voit bien que ces mécanismes sont perfectibles, que ces instances peuvent être indûment influencées par telle ou telle firme, ou tellement sous-financées qu'elles en perdent toute efficacité. Ce n'est pas une raison pour les abandonner, il faut au contraire les renforcer et faire en sorte qu'elles jouent pleinement leur rôle. La mondialisation, et l'accessibilité *via* Internet de nombreuses analyses théoriquement interdites en France (voir les tests de paternité) montre aussi que ces garde-fous ne suffiront pas, et que rien ne remplacera une meilleure information et compréhension de ce que peuvent – et ne peuvent pas – apporter ces nouvelles approches.

13

L'autisme est-il soluble dans la génétique ?

Une technologie qui galope, un vivant qui résiste

La vitesse des avancées techniques en biologie donne le tournis. Quand je débutais ma carrière de chercheur, vers la fin des années 1960, qui eût pu imaginer que, trente ans plus tard, on aurait lu les 3 milliards de lettres (bases) de notre ADN ? Plus près de nous, lorsqu'on célébrait en grande pompe l'aboutissement (provisoire) du programme Génome Humain en 2001, l'obtention, en dix ans et pour 3 milliards d'euros, de la première séquence d'un ADN humain, qui aurait osé parier qu'un tel travail serait bientôt réalisable pour tout un chacun, en quelques semaines et pour quelques milliers d'euros ? Nous le savons, l'informatique a fait, et continue de faire, des progrès très rapides. Ceux-ci sont notamment résumés par la loi « de Moore », avancée par Gordon Moore[70] en 1965, selon laquelle le nombre de transistors inclus dans un microprocesseur (et donc les performances de ce dernier) double tous les dix-huit mois grâce

70. Cofondateur d'Intel, à ce jour la plus importante entreprise concevant et fabriquant les microprocesseurs qui animent nos ordinateurs, nos téléphones, nos voitures et d'innombrables objets technologiques devenus familiers.

aux constantes améliorations introduites et à la miniaturisation croissante de ces éléments. Eh bien, le séquençage d'ADN fait depuis dix ans des progrès bien plus rapides que ceux indiqués par cette loi ! (*figure 25*)

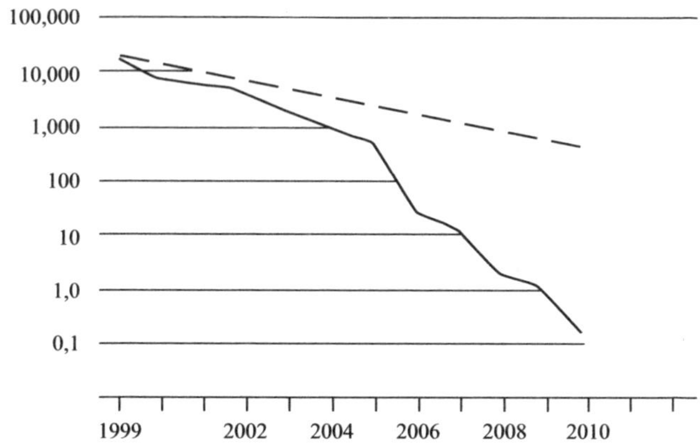

Figure 25. Comparaison entre l'évolution du coût du calcul (courbe en pointillés) et celui du séquençage (courbe pleine). Noter que l'échelle est logarithmique, c'est-à-dire qu'une graduation correspond à une diminution d'un facteur 10. Entre 1999 et 2010, le coût d'un même calcul a été divisé par 100 environ (ce qui est remarquable), mais le coût de la lecture d'un million de bases dans l'ADN est passé, lui, de 20 000 dollars à 20 centimes, soit *100 000 fois moins*... (il s'agit ici de séquence « brute »). Éléments graphiques fournis par le Broad Institute, le plus important centre de séquençage des États-Unis.

Et les avancées ne se limitent pas au séquençage. Grâce aux « puces à ADN », grâce à des méthodes d'imagerie qui permettent de visualiser les mécanismes intimes à l'intérieur d'organes ou de cellules, grâce aussi à la mise en réseau et à l'accessibilité de toutes ces informations, les pouvoirs d'investigation des chercheurs et des cliniciens se sont accrus de manière spectaculaire. Et pourtant, le vivant nous résiste :

nous sommes encore loin de pouvoir décrire et modéliser en détail – donc de comprendre, au moins d'un point de vue opérationnel – le fonctionnement d'une seule cellule, sans parler d'un organe ou d'un animal entier, fût-il aussi simple apparemment qu'un ver quasi-microscopique comme le nématode et ses 959 cellules. Toutes ces méthodes sophistiquées nous ont surtout fait découvrir l'incroyable complexité de la matière vivante, la multiplicité des acteurs qui interviennent dans son fonctionnement, l'intrication des nombreux circuits de régulation qui se contrôlent les uns les autres et assurent l'homéostase* de l'organisme. La lecture de notre ADN, ce grand « livre de la vie », a assurément permis des avancées majeures en biologie, mais elle nous a surtout montré l'ampleur de ce qui reste à découvrir pour comprendre comment un organisme se construit à partir de l'information qui y est inscrite. L'ADN est bien la source de notre existence – un ADN d'éléphant donnera toujours un éléphant, pas une grenouille – mais la manière dont les informations qu'il contient sont mises en œuvre restent pour une grande part à découvrir.

Après le pain blanc des affections mendéliennes, le pot-au-noir des maladies complexes

La difficile compréhension des mécanismes par lesquels s'exerce l'indéniable déterminisme génétique constaté dans maintes maladies manifeste les limites des connaissances actuelles. La nouvelle génétique médicale a connu un âge d'or dans les années 1980-1990, avec l'élucidation de nombreuses maladies héréditaires. Malgré l'imperfection des techniques employées à l'époque, beaucoup de ces travaux ont abouti de manière spectaculaire à la mise en évidence du gène dont l'altération entraîne l'apparition d'une affection : songeons aux myopathies, à la mucoviscidose, à la chorée de Huntington. La connaissance de ces gènes a permis la mise en place de diagnostics génétiques performants, utilisables en situation prénatale ou préimplantatoire, et permettant d'éviter la naissance d'enfants gravement atteints. Elle commence aussi à déboucher sur des thérapies nouvelles. Mais il s'agissait là de maladies monogéniques (ou quasi-monogéniques), dans lesquelles un gène, toujours le même, entraîne la pathologie lorsqu'il n'est pas fonctionnel – et cela constitue, en fait, un cas particulier. En général, une affection comporte, en plus d'éléments liés à l'environnement et à l'histoire personnelle, une part génétique plus ou moins marquée, mais cette dernière résulte de l'influence de nombreux gènes (ou plutôt de certaines de leurs variantes), qui se comptent par dizaines ou même par centaines. Du coup, la mise en évidence de chacun d'entre eux devient extrêmement difficile puisque son effet individuel est très faible. C'est ainsi que, pour l'autisme, on peut avoir une héritabilité très forte, se manifestant notamment par une concordance quasi-complète entre vrais jumeaux[71], et pourtant une très grande difficulté à trouver les gènes responsables de cette influence génétique – et plus encore à en tirer un test présentant un minimum de fiabilité.

71. Rappelons les chiffres : 60 à 90 % de concordance entre vrais jumeaux (qui sont génétiquement identiques), 10 à 20 % entre faux jumeaux (ni plus ni moins apparentés que deux enfants quelconques de la fratrie). Si seul l'environnement intervenait dans l'apparition de l'autisme, les deux chiffres devraient être équivalents.

L'autisme n'existe pas ???

Ce que voulait exprimer Jorg Hager (chapitre 11) par cette affirmation un peu paradoxale, c'est que ce terme recouvre probablement une multitude de troubles aux étiologies diverses, et non une maladie bien définie. L'élargissement, depuis vingt ou trente ans, des critères de diagnostic est sans doute le principal responsable de l'accroissement observé pour la prévalence de cette affection, et le parapluie de l'autisme recouvre aujourd'hui un vaste ensemble de symptômes qui ont en commun, sur le plan comportemental, la difficulté de relation à l'autre. Du point de vue organique, les observations convergent vers des anomalies au niveau des synapses, entraînant la mise en place incomplète de certains circuits neuronaux ; les quelques gènes dont l'implication semble confirmée (même si leur effet est très partiel) sont d'ailleurs souvent liés au fonctionnement synaptique. Pourtant, si l'autisme n'existe pas, les autistes sont bien là, avec leurs difficultés et les problèmes redoutables qu'ils posent à leur entourage.

Devant cette sorte de fin de non-recevoir de la science, il est compréhensible que des parents cherchent l'explication de leur malheur dans des évènements extérieurs : vaccination, empoisonnement par le mercure ou l'aluminium, ou encore influence néfaste du gluten et de la caséine. Bien que largement popularisées sur Internet, bien que mises en avant par des pseudo-cliniques qui fondent un fructueux business sur des cures prétendument « détoxifiantes », ces explications ne tiennent pas, nous l'avons vu au chapitre 4. Reste la génétique, qui pourrait au moins fixer les idées, dire si oui ou non tel enfant est autiste ou en danger de le devenir en raison des « mauvais gènes[72] » dont il est porteur – mais nous avons vu que même la version la plus élaborée du test Arisk est peu performante, et n'apporte, au mieux, qu'un petit élément supplémentaire à l'évaluation d'un enfant dont le comportement inquiète. Puisque l'héritabilité de l'affection est forte, il est concevable qu'existe un jour un test beaucoup plus performant – ce n'est sûrement pas pour bientôt, mais ce n'est pas exclu *a priori*. Encore faudra-t-il bien se souvenir que ce que révélerait une telle analyse serait une *vulnérabilité* et non un *destin* : les vrais jumeaux qui présentent une concordance de 90 % n'auraient peut-être été autistes ni l'un ni l'autre si, par exemple, la grossesse de leur mère s'était passée différemment. En d'autres termes, une concordance à 100 % n'exclut pas le rôle d'un facteur (encore inconnu) de l'environnement[73].

À quoi sert donc la recherche ?

Il est assez courant – même parfois au plus haut niveau – d'ironiser sur les chercheurs et de les opposer aux « trouveurs » : « Des chercheurs qui cherchent, on en trouve. Mais des chercheurs qui trouvent, on en cherche », disait dans les années 1960 le général de Gaulle à Alain Peyrefitte, alors ministre de la Recherche. On peut légitimement se poser la question à propos des aspects génétiques de l'autisme : tous

72. *Stricto sensu*, des « mauvais variants » de gènes que porte chacun d'entre nous.

73. On peut, par exemple, avoir une susceptibilité génétique très élevée à une molécule chimique normalement inoffensive, au point de mettre sa vie en danger si on l'absorbe, mais ne jamais manifester cette susceptibilité. C'est le cas d'un anti-épileptique, la carbamazepine, qui a des effets dramatiques chez les porteurs du gène variant HLA-B*1502, variant rare présent surtout chez les Asiatiques.

ces laboratoires, toutes ces études, toutes ces publications (par centaines, rappelons-le), pour aboutir à une kyrielle de gènes plus ou moins confirmés, dont l'effet individuel est très faible, et dont on n'arrive même pas à tirer un test prédictif raisonnablement performant...

Rappelons d'abord qu'à notre époque où la biologie est devenue une science technologique mettant en jeu des appareillages coûteux et consommant d'importants crédits, ses praticiens, sommés de justifier leur utilité sociale, ont souvent eu tendance à anticiper sur les retombées prévisibles en termes de médecine – secteur qui intéresse au premier chef le public et les politiques, bien plus que les progrès de la connaissance pure. Et il faut reconnaître que ces promesses se sont souvent révélées bien imprudentes. Rappelons-nous la « Guerre contre le cancer », déclarée par Richard Nixon en 1971 : on pensait à l'époque que beaucoup de cancers humains étaient causés par des virus, et l'on espérait qu'une fois ces agents identifiés, de nouvelles thérapies allaient réduire considérablement l'incidence et la gravité de ces maladies. Quarante ans plus tard, le cancer est toujours là, il est devenu – puissamment aidé par le vieillissement de la population – la principale cause de mortalité, malgré d'indéniables progrès tant dans la détection précoce que dans différentes interventions thérapeutiques. Plus près de nous, la thérapie génique était présentée, au début des années 1990, comme une grande avancée thérapeutique imminente : malgré quelques indéniables succès, elle reste aujourd'hui plus un espoir qu'une réalité [13.1]. Il ne faut donc pas juger les résultats de la recherche sur l'autisme à l'aune des déclarations faites parfois pour la justifier, ou d'annonces médiatiques (« on a trouvé le gène de l'autisme ») exagérément triomphalistes et terriblement simplificatrices.

Ce que ces travaux mettent à jour, peu à peu, péniblement, au sein de cette machine incroyablement complexe qu'est notre cerveau, ce sont les éléments dont le dysfonctionnement peut favoriser l'apparition de certains des symptômes dont l'ensemble constitue ce que nous appelons l'autisme. Nous avons aujourd'hui toutes les cartes en main pour effectuer ces études de manière rigoureuse, contrairement à l'époque des années 1990, *Far West* de la génétique des maladies complexes. Aujourd'hui il n'y a guère plus de contradiction entre les études successives ; lorsqu'un gène est désigné par une analyse génétique, les bases de données nous donnent généralement une foule de renseignements sur sa fonction dans l'organisme ; et, si nécessaire, nous pourrons à l'avenir étudier l'ADN de patients et de témoins par lecture intégrale grâce aux nouvelles machines ultra-rapides. On peut donc raisonnablement penser que seront peu à peu révélés les principaux circuits (impliquant chacun plusieurs gènes) dont le dérèglement peut conduire à l'autisme. Ce travail sera sans doute facilité par une focalisation sur des endophénotypes, des sous-catégories de l'autisme plus homogènes dans leur manifestation clinique et dont le fondement génétique devrait être moins complexe. Tout ceci devrait conduire à une bien meilleure compréhension de l'étiologie de cette affection, peut-être à des tests génétiques permettant de compléter le diagnostic clinique et de rattacher l'enfant en cause à une catégorie particulière susceptible de répondre à un traitement adapté. Cela ne se fera pas en un jour, mais c'est clairement la direction dans laquelle avance aujourd'hui la recherche.

Et les parents ?

Ces espoirs encore lointains paraîtront bien illusoires aux parents qui se débattent aujourd'hui avec la réalité concrète d'un enfant autiste. Que leur dire à la fin de cette plongée parfois décourageante dans la complexité du syndrome qui affecte leur enfant ? Tout d'abord, que l'autisme est une maladie organique, et non une psychose induite par leur attitude envers l'enfant : l'époque de Bruno Bettelheim ou de Françoise Dolto est bien révolue, et malgré leurs indéniables qualités de praticien ou d'écrivain, ces personnages illustres se sont trompés sur l'étiologie de cette affection. Ensuite, de se méfier des explications trop simples et des charlatans qui souvent les avancent : il est bien sûr rassurant de se dire que tout est dû à l'influence néfaste du gluten ou du mercure, que l'on va contrebalancer grâce à un traitement miracle (et hors de prix), mais aucune de ces théories n'a résisté à l'épreuve des faits. Il faut insister sur l'importance d'un diagnostic aussi précoce que possible, ce qui suppose d'arriver à identifier un praticien ou un service hospitalier réellement compétent pour évaluer un petit enfant sur ce plan. Il n'y en a pas tant que cela, il faut se méfier à cet égard tant de la *doxa* psychanalytique qui règne encore souvent en France que des ayatollahs du gène pour lesquels hors l'ADN point de salut, et privilégier le contact avec les associations de parents d'autistes qui connaissent généralement les bonnes (et les mauvaises) adresses[74]. Enfin et surtout, une fois le diagnostic

74. Sans oublier que les luttes de pouvoir existent aussi entre associations, et entre parents et médecins, et que toute indication n'est pas nécessairement à prendre au pied de la lettre.

posé, il faut savoir qu'il existe des thérapies et qu'une intervention précoce peut considérablement améliorer le comportement et l'insertion sociale de l'enfant. Il n'y a pas de baguette magique, mais un suivi attentif sur un plan comportemental et éducatif est à recommander. Un tenant « pur et dur » des théories de Lacan ou de Mannoni (il s'en trouve de moins en moins) dira qu'il ne s'agit là que de conditionnement, et préconisera peut-être une analyse. En fait, il n'existe aucune indication (autre qu'anecdotique) d'une efficacité des cures psychanalytiques, alors que les interventions éducatives, elles, ont été évaluées sérieusement et avec des résultats assez positifs (chapitre 5). Là encore, l'aide des associations de parents se révélera précieuse.

Une indispensable modestie

Finalement, ce livre d'un généticien ne constitue pas – comme c'est souvent le cas – un hymne à cette science censée apporter, dans un avenir proche, des progrès décisifs et des thérapies efficaces pour les affections qui frappent l'humanité. Certes, il s'avère nécessaire de tordre le cou à l'impression encore trop répandue dans notre pays que l'autisme d'un enfant est le signe, la conséquence d'une faillite parentale (et singulièrement maternelle), car même si les psychanalystes sont aujourd'hui revenus de cette conception, elle reste très présente à bien des niveaux dans les structures médico-éducatives comme dans l'opinion publique. Les données génétiques, connues depuis maintenant vingt-cinq ans, sont pourtant solides, tout comme les multiples études d'imagerie cérébrale mettant en évidence des dysfonctionnements organiques spécifiques chez les autistes. Mais une fois affirmé le rôle essentiel des gènes (de *certains variants* de gènes) dans l'apparition du syndrome, il faut bien reconnaître que la génétique piétine, qu'elle s'englue dans la mise en évidence de multiples loci dont chacun a une influence très réduite, et que malgré des annonces très médiatisées (comme celle d'IntegraGen en 2005 qui fournit la trame de ce livre), on est encore bien loin de pouvoir diagnostiquer l'autisme à l'aide d'une analyse d'ADN. Cela ne signifie certes pas que ces recherches soient inutiles, elles vont sans doute permettre de scinder ce syndrome complexe en plusieurs entités dont chacune justifiera un traitement spécifique[75], mais ce ne sont là encore que des espoirs. La génétique ne peut pas tout, et même si notre destin est en partie inscrit dans nos gènes, la compréhension de ce grimoire qu'est notre ADN ne fait que commencer.

75. Comme pour les leucémies infantiles, dont le pronostic était très sombre il y a deux décennies et qui, grâce à l'identification de différents sous-types et à des traitements adaptés, sont aujourd'hui guéries dans 80 % des cas.

Bibliographie et webographie

Le lecteur trouvera dans cette partie des documents lui permettant d'approfondir certains thèmes, ainsi que les références des principaux articles originaux. La recherche d'informations se faisant de plus en plus sur Internet, je n'ai pas séparé ici les deux aspects. Beaucoup de sources sont en langue anglaise, la littérature scientifique récente sur l'autisme étant principalement nord-américaine, mais j'ai essayé autant que possible de me référer à des documents rédigés en français. Les articles de recherche cités ne sont généralement pas en libre accès[76] ; on peut consulter leur résumé sur le site PubMed (http://www.ncbi.nlm.nih.gov/sites/entrez/) qui est ouvert à tous, il suffit d'habitude de donner les noms de deux ou trois auteurs pour les retrouver. Pour obtenir le texte proprement dit des articles, il faut soit consulter les revues (ou leur site) dans une bibliothèque universitaire bénéficiant des abonnements correspondants, soit disposer d'un accès comme celui qu'offrent différents organismes de recherche à tous leurs laboratoires (pour l'Inserm et le CNRS, le serveur de l'INIST, http://inist.fr/ – mot de passe nécessaire).

76. Sauf pour les revues de la *Public Library of Science,* reconnaissables par leur titre qui commence par Plos et qui sont librement accessibles à partir du site internet http://www.plos.org/

Documentation générale

Sites internet, magazines et revues de vulgarisation

Les revues scientifiques de vulgarisation ou de « grande vulgarisation » abordent de temps en temps le thème de l'autisme et de ses corrélats génétiques. Ce sont, de la plus spécialisée à la plus grand public :

Médecine/Sciences, http://www.edk.fr/index.md/, destinée à un public d'enseignants, d'étudiants et de chercheurs.

La Recherche, http://www.larecherche.fr/, généralement de très bon niveau (voir notamment « Autisme, la piste génétique » dans le numéro 426, janvier 2009).

Pour la Science, http://www.pourlascience.com/, édition française de *Scientific American*, http://www.sciam.com/, généralement excellent (voir notamment « L'autisme, une question de connexions ? », numéro du 14 mai 2009).

Science et Vie, http://www.science-et-vie.com/

Sciences et Avenir, ce dernier magazine étant parfois un peu complaisant à l'égard des « pseudosciences ».

L'encyclopédie Wikipedia (http://fr.wikipedia.org/, ou http://en.wikipedia.org/ en anglais) est également une source très utile, à condition de ne pas oublier qu'elle est construite librement par les internautes et peut donc être incomplète ou parfois partiale. Cela dit, les articles sujets à caution sont vite repérés par les lecteurs et clairement indiqués sur la page. Elle est parfois plus détaillée en anglais qu'en français, il ne faut donc pas hésiter à rechercher dans les deux langues. Le plus simple est de taper dans Google le sujet recherché entre guillemets et d'ajouter ensuite le mot Wiki.

Si l'on cherche des informations sur une maladie génétique, une source disponible sans restrictions et très détaillée est OMIM (Online Mendelian Inheritance in Man), qui répertorie ce que l'on sait sur toutes les maladies comportant une composante génétique. Revers de la médaille, les informations données par OMIM sont longues et peu structurées, mais elles sont complètes et à jour, et l'interrogation est très simple :

http://www.ncbi.nlm.nih.gov/entrez/query.fcgi?db=OMIM

Le site français Orphanet (http://www.orpha.net/), établi en collaboration entre l'Inserm et l'AFM, est centré, comme son nom l'indique, sur les maladies génétiques rares (mais beaucoup le sont) et plus orienté vers les malades et leurs familles.

Bien sûr, les sites des associations, notamment le « collectif autisme » (http://www.collectifautisme.com/) qui regroupe cinq des principales associations intervenant dans ce domaine. Une liste assez complète des associations est accessible sur le site Doctissimo :

http://www.doctissimo.fr/html/dossiers/autisme/8678-autisme-contacts-sites.htm

Il faut néanmoins savoir que l'autisme est prétexte à de nombreux conflits et que les associations peuvent elles aussi s'impliquer dans ces affrontements, et pas toujours à bon escient…

Ne pas oublier, enfin, que l'on trouve de tout sur Internet, en particulier sur l'autisme ; que les marchands d'illusions, les illuminés et les charlatans sont nombreux et que toute information doit être vérifiée en se référant si possible aux publications scientifiques, aux associations les plus sérieuses et à des sites relativement fiables comme Wikipedia.

Documentation par chapitres

1. Une annonce surprenante

Sur l'existence ou non d'une épidémie d'autisme :

1.1 LIU, Ky, KING, M., BEARMAN, P.-S., « Social influence and the autism epidemic », *American Journal of Sociology*, 2010, vol. 115, p. 1387-1434.

1.2 WAZANA, A., BRESNAHAN, M., KLINE, J., « The autism epidemic: fact or artifact? », *J Am Acad Child Adolesc Psychiatry*, 2007, vol. 46, p. 721-30.

1.3 NASSAR, N., DIXON, G., BOURKE, J., *et al.*, « Autism spectrum disorders in young children: effect of changes in diagnostic practices », *Int J Epidemiol*, 2009, vol. 38, p. 1245-1254.

L'étude de *The Lancet* mentionnée dans le texte :

1.4 GEE, A., « Californian autism clusters leave researchers baffled », *The Lancet*, 2010, vol. 376, p. 1451-1452.

Le livre qui a beaucoup fait pour installer l'hypothèse relationnelle de l'autisme :

1.5 BETTELHEIM, B., *La Forteresse vide*, NRF/Gallimard, 1969 (*The Empty Fortress: Infantile Autism and the Birth of the Self*, publié en 1967 aux États-Unis).

Les arguments et explications d'un partisan du *packing* :

1.6 PIREYRE, É., « Précisions sur le *packing* »
http://www.balat.fr/Eric-Pireyre-Psychomotricien.html

Doutes sur l'influence génétique (en 1976) :

1.7 HANSON, D.-R., GOTTESMAN, I.-I., « The genetics, if any, of infantile autism and childhood schizophrenia », *J Autism Child Schizophr*, 1976, vol. 6, 209-234.

La concordance chez les jumeaux, de 1977 à 2006 :

1.8 FOLSTEIN, S., RUTTER, M., « Infantile autism: a genetic study of 21 twin pairs », *J Child Psychol Psychiatry*, 1977, vol. 18, p. 297-321.

1.9 RITVO, E.-R., FREEMAN, B.-J., MASON-BROTHERS, A., *et al.*, « Concordance for the syndrome of autism in 40 pairs of afflicted twins », *Am J Psychiatry*, 1985, vol. 142, p. 74-77.

1.10 BAILEY, A., LE COUTEUR, A., GOTTESMAN, I., *et al.*, « Autism as a strongly genetic disorder: evidence from a British twin study », *Psychol Med*, 1995, vol. 25, p. 63-77.

Étude de jumeaux à grande échelle :

1.11 RONALD, A., HAPPÉ, F., BOLTON, P., *et al.*, « Genetic heterogeneity between the three components of the autism spectrum: a twin study », *J Am Acad Child Adolesc Psychiatry*, 2006, vol. 45, p. 691-699.

Une critique récente des explications génétiques, insistant sur le rôle de l'environnement intra-utérin :

1.12 CHAMAK, B., « L'autisme : surestimation des origines génétiques », *Med. Sci.*, Paris, 2010, vol. 26, p. 659-662.

Un article tout récent (accompagné de son commentaire) qui revoit à la baisse l'écart entre concordance pour les vrais et faux jumeaux et fait l'hypothèse d'un rôle de l'environnement fœtal (âge maternel, infections et intoxications de la mère, etc.) :

1.13 SZATMARI, P., « Is Autism, at Least in Part, a Disorder of Fetal Programming? », *Arch Gen Psychiatry*, publication en ligne, 5 juillet 2011.

1.14 HALLMAYER, J., CLEVELAND, S., TORRES, A., *et al.*, « Genetic heritability and shared environmental factors among twin pairs with autism », *Arch Gen Psychiatry*, publication en ligne, 4 juillet 2011.

2. Génétique et psychiatrie, le couple infernal

Exemples de travaux sur la psychose maniaco-dépressive :

2.1 KIDD, J.-R., EGELAND, J.-A., PAKSTIS, A.-J., *et al.*, « Searching for a major genetic locus for affective disorder in the Old Order Amish », *J Psychiatr Res*, 1987, vol. 21, p. 577-580.

2.2 BARON, M., RISCH, N., HAMBURGER, R., *et al.*, « Genetic linkage between X-chromosome markers and bipolar affective illness », *Nature*, 1987, vol. 326, p. 289-292.

2.3 STRAUB, R.-E., LEHNER, T., LUO, Y., *et al.*, « A possible vulnerability locus for bipolar affective disorder on chromosome 21q22.3 », *Nat Genet*, 1994, vol. 10, p. 291-296.

Les échecs de la génétique du comportement des années 1990 :

2.4 RISCH, N., BOTSTEIN, D., « A manic depressive history », *Nat Genet*, 1996, vol. 12, p. 351-353.

2.5 MOLDIN, S.-O., « The maddening hunt for madness genes », *Nat Genet*, 1997, vol. 17, p. 127-129.

3. Jugeons sur pièces !

L'article d'IntegraGen publié en 2005 :

3.1 PHILIPPI, A., ROSCHMANN, E., TORES, F., *et al.*, « Haplotypes in the gene encoding protein kinase c-beta (*PRKCB1*) on chromosome 16 are associated with autism », *Mol Psychiatry*, 2005, vol. 10, p. 950-960.

Une analyse critique de l'annonce d'IntegraGen et de l'article sur *PRKCB1* :

3.2 JORDAN, B., « Demandez le test de l'autisme ! », *Med. Sci.*, Paris, 2005, vol. 21, p. 886-887.

4. Le paysage de l'autisme : les signes et les causes

Une synthèse sur les résultats des investigations en imagerie fonctionnelle (avec de nombreux renvois aux travaux originaux) :

4.1 MINSHEW, N.J., KELLER, T.A., « The nature of brain dysfunction in autism: functional brain imaging studies », *Current Opinions in Neurology*, 2010, vol. 23, p. 124-130.

4.2 DOLTO, F., *La Cause des enfants*, Robert Laffont, 1985. L'édition utilisée pour les citations est parue dans la collection « Pocket évolution » en 1993.

Une vision d'inspiration psychanalytique mais faisant preuve d'une certaine modération :

4.3 HOCHMANN, J., « Un phénomène social : l'autisme »
http://www.balat.fr/UN-PHENOMENE-SOCIAL-L-AUTISME-par.html.

Une interview très intéressante qui montre l'évolution des psychanalystes depuis les années 1980 :

4.4 HOCHMANN, J., MARMION, J.-F., « Autisme, deux siècles de polémique », *Sciences humaines*, 2009, vol. 206, p. 24-29.

Un exemple des nombreux livres « démontrant » le rôle des vaccins :

4.5 SIMON, S., *Autisme et vaccination : responsable mais non coupable !* Guy Tredaniel éditeur, Dornency, 2007 (éditeur spécialisé dans les médecines naturelles, l'homéopathie, le Feng Shui, le magnétisme et l'astrologie)…

L'article qui a paru un temps donner un peu de substance à l'hypothèse des vaccins :

4.6 Wakefield, A., Murch, S., Anthony, A., *et al.*, « Ileal-lymphoid-nodular hyperplasia, non-specific colitis, and pervasive developmental disorder in children », *The Lancet*, 1998, vol. 351, p. 637-641.

Le lien entre crainte des vaccins, baisse de la vaccination contre la rougeole et infections graves :

4.7 McIntyre, P., Leask, J., « Improving uptake of MMR vaccine », *British Medical Journal*, 2008, vol. 336, p. 729.

4.8 Archimède, L., « 14 500 cas de rougeole, dont 6 décès, en 2011 », *Le Quotidien du médecin*, en ligne le 12 septembre 2011.

L'hypothèse « gluten » et sa réfutation :

4.9 Reichelt, K.L., Knivsberg, A.M., « The possibility and probability of a gut-to-brain connection in autism », *Ann Clin Psychiatry*, 2009, vol. 21, p. 205-211.

4.10 Millward, C., Ferriter, M., Calver, S., *et al.*, « Gluten- and casein-free diets for autistic spectrum disorder », *Cochrane Database Syst Rev.*, 2008, vol. 2, CD003498.

Le point des données génétiques sur l'autisme en 2004 :

4.11 Spence, S.J., « The genetics of autism », *Semin Pediatr Neurol*, 2004, vol. 11, p. 196-204.

5. Le paysage de l'autisme : les thérapies

Le texte intégral du rapport du ministère de la Santé « Interventions éducatives, pédagogiques et thérapeutiques proposées dans l'autisme » est disponible à l'adresse :

5.1 http://www.techniques-psychotherapiques.org/Reseau/PoleAutisme/Interventions/recensement-interventions-autisme-dgas-protege.pdf

Un livre en faveur du *packing* :

5.2 Delion, P., Baillet, A., Charras, K., Haag, G., *La Pratique du packing avec les enfants autistes et psychotiques en pédopsychiatrie*, Érès éditions, Toulouse, 2007.

Une défense du *packing* :

5.3 Balat, M., « Éric Pireyre, psychomotricien : précisions sur le packing », 2010.

http://www.balat.fr/Eric-Pireyre-Psychomotricien.html

Une attaque virulente :

5.4 Spinney, L., « Therapy for autistic children causes outcry in France », *The Lancet*, 2007, vol. 270, p. 645-646.

La page spéciale sur le *packing* de l'association Léa pour Samy (« Vaincre l'autisme ») :

5.5 http://www.leapoursamy.com/rubrique_.asp?r=855

Un des très nombreux livres commerciaux sur les régimes miracles :

5.6 Lewis, Lisa S., *Special Diets for Special Kids*, Future Horizons, Texas, 1998.

De nombreuses publications portant sur les études d'efficacité des interventions comportementales sont répertoriées dans le chapitre 5 du rapport du Ministère mentionné ci-dessus [5.1].

6. IntegraGen contre-attaque

Une critique « sévère mais juste » de l'action en justice d'IntegraGen :

6.1 Jordan, B., « L'Autisme d'une entreprise », *Med. Sci.*, Paris, 2007, vol. 23, p. 215-216.

6.2 Le rapport de l'Inserm sur les troubles de la conduite chez l'enfant et l'adolescent, 2005, se trouve (avec sa synthèse) sur la page http://www.inserm.fr/thematiques/sante-publique/expertises-collectives, parmi les nombreux autres rapports publiés par l'Inserm.

6.3 Signataires de l'appel en faveur de Déclic, mai 2007 :

– Bertrand Jordan (Biologiste moléculaire, fondateur de Marseille-Nice Génopole) ;

– Michel Favre (Directeur de recherche, chef d'Unité à l'Institut Pasteur, vice-président de l'association de parents Pro Aid Autisme) ;

– Catherine Barthélémy (Pédopsychiatre, présidente du comité scientifique de l'Arapi : Association pour la recherche sur l'autisme et la prévention des inadaptations) ;

– Sophie Biette (Présidente du conseil d'administration de l'Arapi) ;

– Thomas Bourgeron (Professeur à l'université Paris VII, chef d'Unité à l'Institut Pasteur) ;

– Marcel Hérault (Président de l'association de parents Sésame Autisme) ;

– Dominique Kamel (Ingénieur de recherche) ;

– Mireille Lemahieu (Présidente de l'association de parents Autisme France) ;

– André Nieoullon (Neurobiologiste, professeur à l'université de la Méditerranée) ;

– Nicolas Ramoz (Chargé de recherche Inserm) ;

– Pierre Toureille (Président d'honneur de l'association de parents Pro Aid Autisme).

7. Une invitation inattendue

7.1 On trouvera un ensemble d'informations sur les sociétés de biotechnologie et les start-up sur le site de la Génopole d'Évry :

http://www.genopole.fr/Qu-est-ce-qu-une-societe-de.html

ainsi bien sûr que des informations générales sur cette Génopole et sur son histoire.

7.2 Le site internet d'IntegraGen :

http://www.integragen.fr/

8. Le deuxième souffle de la génomique

La proximité des groupes humains :

8.1 JORDAN, B., *L'Humanité au pluriel, la génétique et la question des races*, Seuil, Paris, 2008.

L'essor des analyses génétiques à grande échelle et leurs limites :

8.2 JORDAN, B., « Génotypage tous azimuts », *Med. Sci.,* Paris, 2007, vol. 23, p. 772.

8.3 JORDAN, B., « À la recherche de l'héritabilité perdue… », *Med. Sci.*, Paris, 2010, vol. 26, p. 541-543.

Le rapport original sur la fiabilité des tests en commercialisation directe :

8.4 *Direct-to-Consumer Genetic Tests: Misleading Test Results are Further Complicated by Deceptive Marketing and other Questionable Practices*, GAO-10-847T (US Government Accountability Office), July 22, 2010. Disponible à l'adresse www.gao.gov/new.items/d10847t.pdf

Son analyse dans le contexte général :

8.5 JORDAN, B., « Les tests génétiques grand public en "caméra cachée" », *Med. Sci.*, Paris, 2011, vol. 27, p. 103-106.

Sur les difficultés d'interprétation des séquences d'ADN :

8.6 JORDAN, B., « La séquence… et après ? », *Med. Sci.*, Paris, 2010, vol. 26, p. 655-658.

9. Les nouveaux gènes de l'autisme

Un jugement critique sur l'état des recherches en 2004 :

9.1 SPENCE, S.-J., « The genetics of autism », *Semin Pediatr Neurol*, 2004, vol. 11, p. 196-204.

Un des premiers grands balayages du génome focalisé sur l'autisme (signé par 138 auteurs) :

9.2 AUTISM GENOME PROJECT CONSORTIUM, « Mapping autism risk loci using genetic linkage and chromosomal rearrangements », *Nat Genet*, 2007, vol. 39, p. 319-328.

Le bilan des travaux en 2010 :

9.3 FREITAG, C.M., STAAL, W., KLAUCK, S.M., *et al.*, « Genetics of autistic disorders: review and clinical implications », *Eur Child Adolesc Psychiatry*, 2010, vol. 19, p. 169-178.

Un excellent article de synthèse, par de vrais experts du domaine :

9.4 ABRAHAMS, B.S., GESCHWIND, D.H., « Advances in autism genetics: on the threshold of a new neurobiology », *Nature Reviews Genetics*, 2008, vol. 9, p. 341-355.

Mise en évidence du rôle des CNV :

9.5 SEBAT, J., LAKSHMI, B., MALHOTRA, D., *et al.*, « Strong association of de novo copy number mutations with autism », *Science*, 2007, vol. 316, p. 445-449.

Articles contradictoires sur l'implication du gène *PRKCB1* :

9.6 YANG, M.-S., COCHRANE, L., CONROY, J., *et al.*, « Protein kinase C-beta 1 gene variants are not associated with autism in the Irish population », *Psychiatr Genet*, 2007, vol. 17, p. 39-41.

9.7 LINTAS, C., SACCO, R., GARBETT, K., *et al.*, « Involvement of the *PRKCB1* gene in autistic disorder: significant genetic association and reduced neocortical gene expression », *Mol Psychiatry*, 2009, vol. 14, p. 705-718.

Les articles d'IntegraGen décrits dans le texte :

9.8 SACCO, R., PAPALEO, V., HAGER, J., *et al.*, « Case-control and family-based association studies of candidate genes in autistic disorder and its endophenotypes: TPH2 and GLO1 », *BMC Med Genet*, 2007, vol. 8, p. 8-11.

9.9 PHILIPPI, A., TORES, F., CARAYOL, J., *et al.*, « Association of autism with polymorphisms in the paired-like homeodomain transcription factor 1 (PITX1) on chromosome 5q31: a candidate gene analysis », *BMC Med Genet*, 2007, vol. 8, p. 74.

9.10 Maussion, G., Carayol, J., Lepagnol-Bestel, A.M., *et al.*, « Convergent evidence identifying MAP/microtubule affinity-regulating kinase 1 (MARK1) as a susceptibility gene for autism », *Hum Mol Genet*, 2008, vol. 17, p. 2541-2551.

9.11 Palmieri, L., Papaleo, V., Porcelli, V., *et al.*, « Altered calcium homeostasis in autism-spectrum disorders: evidence from biochemical and genetic studies of the mitochondrial aspartate/glutamate carrier AGC1 », *Mol Psychiatry*, 2010, vol. 15, p. 38-52.

10. Le marché de l'autisme

Une discussion sur le nombre de tests génétiques commercialisés et leur contrôle :

10.1 Beaudet, A.L., « Which way for genetic-test regulation? Leave test interpretation to specialists », *Nature*, 2010, vol. 466, p. 816-817.

L'article d'IntegraGen sur le test à quatre gènes :

10.2 Carayol, J., Schellenberg, G.D., Tores, F., *et al.*, « Assessing the impact of a combined analysis of four common low-risk genetic variants on autism risk », *Molecular Autism*, 2010, 1:4.

L'article sur le test à huit gènes (*white paper* non publié mais accessible à l'adresse indiquée) :

10.3 Carayol, J., Rousseau, F., Lewin, P., *et al.*, *Gender-based Genetic Risk Assessment for Autism Spectrum Disorders in Siblings of Autistic Children*, 2010.

http://www.arisktest.com/upload/Images/Post-it/White%20Paper%20–%20Gender-based%20Genetic%20Risk%20Assessment%20for%20Autism%20Spectrum%20Disorders%20in%20Siblings%20of%20Autistic%20Children.pdf

Les performances d'un test « comportemental » pour l'autisme et les discussions sur son emploi en dépistage :

10.4 VOELKER, R., « Autism screening strikes emotional chord », *JAMA*, 2011, vol. 306, p. 691-692.

10.5 AL-QABANDI, M., GORTER, J.W., ROSENBAUM, P., « Early autism detection: are we ready for routine screening? », *Pediatrics*, 2011, vol. 128, p. 211-217.

Les limites des analyses Gwas :

10.6 JORDAN, B., « Le Déclin de l'empire des Gwas », *Med. Sci.*, Paris, 2009, vol. 25, p. 537-539.

10.7 JORDAN, B., « Maladie de Crohn et Gwas, d'analyses en méta-analyses », *Med. Sci.*, Paris, 2011, vol. 27, p. 323-325.

Le test (désastreux) des tests génétiques grand public :

10.8 JORDAN, B., *voir* 8.5.

11. Retour à IntegraGen

11.1 Site d'IntegraGen : http://www.integragen.fr/

Présentation de l'équipe : http://www.integragen.fr/60-management-team.htm Documents d'entrée en bourse (très instructifs) : http://www.integragen.fr/index.php?id_page=143

11.2 Présentation du comité Ermes (comité d'éthique de l'Inserm) :

http://www.gazettelabo.fr/archives/breves/2003/1003/ermes. htm

11.3 JORDAN, B., TSAI, D.F., « Whole-genome association studies for multigenic diseases: ethical dilemmas arising from commercialization – the case of genetic testing for autism », *J Med Ethics*, 2010, vol. 36, p. 440-444.

11.4 Liste des centres de ressources autisme :

http://scolaritepartenariat.chez-alice.fr/page111.htm

11.5 Autisme France : http://autisme.france.free.fr/

11.6 JORDAN, B., *Les Imposteurs de la génétique*, Seuil, Paris, 2000.

Le gène de l'impulsivité, publication et critique :

11.7 Bevilacqua, L., Doly, S., Kaprio, J., *et al.*, « A population-specific HTR2B stop codon predisposes to severe impulsivity », *Nature*, 2010, vol. 468, p. 1061-1066.

11.8 Jordan, B., « Une publication impulsive », *Med. Sci.*, Paris, 2011, vol. 27, p. 439-441.

12. Des progrès inutiles ?

Sur les médiocres performances de certains traitements anticancéreux :

12.1 Hoag, H., « Cancer drugs should add months, not weeks, say experts », *Nature Medicine*, 2011, vol. 17, p. 7.

Un rapport au Congrès des États-Unis sur le coût des assurances pour les médecins :

12.2 *Medical Malpractice Insurance: Multiple Factors Have Contributed to Increased Premium Rates*, United States General Accounting Office, juin 2003, consultable à l'adresse http://www.gao.gov/new.items/d03702.pdf

13. L'autisme est-il soluble dans la génétique ?

Les grandes espérances déçues de la thérapie génique :

13.1 Jordan, B., *Thérapie génique, espoir ou illusion ?*, Odile Jacob, Paris, 2007.

Glossaire

Les termes en gras au sein des définitions font eux-mêmes l'objet d'une entrée dans le glossaire.

Acide aminé : Petite molécule dont il existe dans la nature vingt variétés et dont l'assemblage constitue les protéines. Celles-ci sont formées d'une suite de plusieurs centaines ou milliers d'acides aminés disposés en chaîne linéaire. Cette chaîne se replie sur elle-même pour donner à la protéine une forme caractéristique qui est généralement indispensable à son activité.

ADN : Acide désoxyribonucléique, constituant majeur des **chromosomes** et support de l'hérédité. La formule des protéines nécessaires au fonctionnement de l'organisme est codée dans l'ADN par la suite des **bases**, entités chimiques présentes sous quatre formes différentes (T, A, G ou C). Chaque formule constitue un gène qui, pour sa mise en œuvre, est recopié sous forme d'une copie de travail, un **ARN messager**, lequel est ensuite lu dans le cytoplasme de la cellule afin de fabriquer la protéine correspondante.

Allèle : L'une des formes sous lesquelles peut exister un gène (ou, plus généralement, une région de l'ADN) au sein de la population. Chaque allèle diffère des autres par au moins une base dans sa séquence.

Autosome : Terme général désignant les **chromosomes** à l'exception des chromosomes sexuels X et Y. Les autosomes sont présents en deux exemplaires dans toutes les cellules de l'organisme sauf dans les cellules sexuelles.

Bases : Entités chimiques présentes le long de la molécule d'**ADN**. Il en existe quatre variétés : Thymine, Adénine, Guanine et Cytosine. C'est l'ordre de leur succession, la **séquence**, qui constitue l'information génétique.

Biomarqueur : Paramètre biologique objectif que l'on peut mesurer pour affirmer la présence ou l'absence d'une affection. Cela peut aller du taux de sucre dans le sang pour le diabète à la mutation d'un gène pour une maladie génétique comme la myopathie ou la mucoviscidose.

Carte génétique : Une forme de balisage du **génome** qui a été largement utilisée pour rechercher les gènes impliqués dans les maladies héréditaires.

Cellule germinale (ou **cellule sexuelle**) : Les ovules et spermatozoïdes, qui contiennent un seul jeu de **chromosomes** au lieu de deux comme toutes les autres cellules.

Chromosome : Forme sous laquelle l'**ADN** est organisé dans le noyau des cellules. Un chromosome est formé d'une très longue molécule d'ADN à laquelle sont associées de nombreuses protéines. L'ensemble est très compact et sa structure détermine en grande partie quels gènes sont actifs (« exprimés ») dans une cellule donnée.

Concordance : Fréquence avec laquelle une affection présente chez un enfant est retrouvée chez un apparenté.

Cotransmission : Lors de l'étude génétique d'une affection héréditaire, on utilise un jeu de **marqueurs polymorphiques** (souvent des **Snips**) répartis sur les **chromosomes**, et l'on cherche à voir si un **allèle** particulier de l'un d'eux se retrouve plus fréquemment chez les malades. Si c'est le cas, cela indique qu'un **gène** dont certaines variantes augmentent le risque de maladie se trouve à proximité de ce marqueur et est cotransmis (à la descendance) avec lui.

Délétion : Perte d'une région d'un **chromosome**, pouvant contenir un ou plusieurs gènes.

Diagnostic préimplantatoire : Analyse génétique pratiquée sur une cellule provenant d'un embryon obtenu par fécondation *in vitro*, afin de rechercher la présence d'une anomalie génétique. Permet de n'implanter ensuite qu'un embryon sain.

Diagnostic prénatal : Analyse de l'**ADN** du fœtus effectuée en début de grossesse, par ponction amniotique ou prélèvement de villosités choriales, afin de déterminer si ce dernier est porteur d'une anomalie génétique. Peut déboucher sur une interruption de grossesse.

Dominant : Se dit d'un **allèle** qui exerce son effet même si l'allèle présent sur l'autre **chromosome** est différent.

Endophénotype : Sous-type d'une maladie ou d'un syndrome dont on soupçonne qu'il recouvre en fait plusieurs affections.

Épigénétique : Qui se situe à la périphérie (épi) du génome. Désigne des modifications de l'**ADN** qui ne changent pas la séquence des bases mais modulent l'intensité avec laquelle un gène va s'exprimer.

Étiologie : Ensemble des causes qui provoquent une affection donnée.

Famille multiplex : Famille qui comporte deux (ou plus) personnes atteintes d'une affection donnée.

Génie génétique : Ensemble de techniques dont la mise au point date des années 1960 et 1970, et qui permettent la manipulation de l'**ADN** : coupure en des points précis grâce aux « enzymes de restriction », association de fragments de diverses origines grâce aux « ligases », réintroduction de ces ADN manipulés dans des bactéries, des cellules ou des organismes.

Génome : L'ensemble des gènes appartenant à un organisme ou l'ensemble de son **ADN** (qui porte ces gènes).

Génomique : Terme général pour désigner l'ensemble des recherches et des applications qui font appel à la connaissance des

génomes (plutôt que d'un gène particulier). Domaine qui s'est développé à partir du début des années 2000.

Génotype : Ensemble des caractéristiques génétiques d'une personne ou, autrement dit, ensemble des gènes portés par son **ADN**. En combinaison avec l'environnement, l'histoire personnelle, les influences diverses, le génotype détermine le phénotype (l'apparence, la taille, le métabolisme, le comportement…) de la personne.

Haplotype : Ensemble de **marqueurs polymorphiques** caractérisant un segment d'**ADN**, une région du **génome**.

Hétérozygote : Qualifie une personne qui, pour le gène ou le **marqueur** envisagé, porte une version (un **allèle**) de ce gène sur un de ses chromosomes et une version différente sur l'autre chromosome homologue.

Homéostase (ou **homéostasie**) : Capacité d'un organisme à conserver ses caractéristiques de fonctionnement (par exemple sa température interne) en dépit des variations du milieu extérieur.

Incidence (d'une affection) : Nombre de nouveaux cas constatés durant une année. L'incidence diffère de la **prévalence** (nombre total de cas dans la population à une date donnée).

Locus (loci) (« lieu » en latin) : Employé en génétique pour indiquer une région du génome désignée par l'analyse génétique mais dont on ne sait pas si elle correspond ou non à un gène (ce peut être, par exemple, une zone impliquée dans la régulation).

Marqueur polymorphique : Zone de l'**ADN** existant sous différentes formes chez différentes personnes (changement d'une base, par exemple) et utilisée dans les études génétiques.

Mendélienne : Maladie héréditaire causée par l'altération d'un seul gène, toujours le même (exemples : myopathie de Duchenne, mucoviscidose, etc.). On dit aussi maladie **monogénique**.

Microarray (ou **puce à ADN**) : Fabriquée en utilisant des techniques proches de celle de l'industrie des microprocesseurs, une telle « puce » contient des millions de petits segments d'**ADN** synthétique qui peuvent « interroger » un ADN humain et y révéler de nombreuses caractéristiques.

Monogénique : Qualificatif d'une maladie héréditaire causée par une version défectueuse d'un gène bien précis, toujours le même.

Multigénique : Qualificatif d'une maladie héréditaire (ou influencée par l'hérédité) pour laquelle plusieurs gènes sont en cause.

Mutation : Changement d'une base dans l'**ADN**, qui peut ou non avoir des conséquences physiologiques.

Nucléotide : On appelle nucléotide l'ensemble que constitue la **base** attachée à l'élément chimique, un sucre, qui forme la chaîne externe de la double hélice. Pour notre propos base et nucléotide sont des termes interchangeables.

Phénotype : *voir* génotype.

Polymorphisme, polymorphe : Caractéristique d'un élément qui est variable au sein d'une population. La couleur des yeux ou des cheveux est un caractère polymorphe au sein de la population humaine.

Prévalence (d'une affection) : Le nombre total de cas dans la population à une date donnée (exprimé en pourcentage ou sous forme de fraction, comme 1/150). La prévalence diffère de l'**incidence** (nombre de nouveaux cas constatés durant une année) et de la **fréquence** (terme courant mais mal défini).

Récessif : Se dit d'un **allèle** dont l'effet peut être annulé par un allèle différent du même gène situé sur l'autre **chromosome**. C'est l'opposé de **dominant**.

Risque relatif : Risque d'être atteint d'une affection pour la personne considérée (porteuse, par exemple, d'une **mutation**) par rapport au risque moyen dans la population. Un risque relatif de 2, par exemple, correspond au doublement du risque moyen, autrement dit à une augmentation de 100 %.

Sensibilité : Mesure de la capacité d'un test à détecter les personnes atteintes (*voir figure 21 page 143*).

Spécificité : Mesure de la capacité d'un test à ne pas classer comme atteintes des personnes indemnes (*voir figure 21 page 143*).

Séquence : En biologie moléculaire, ce mot désigne la suite des **bases** (T, A, G ou C) dans l'**ADN** ou la suite des **acides aminés** dans les protéines. La séquence d'une protéine détermine sa structure et sa fonction ; elle est « codée » dans l'ADN par la **séquence** des bases.

Snip : Single Nucleotide Polymorphism, **polymorphisme** portant sur un seul nucléotide. Il s'agit de points dans l'**ADN** qui sont polymorphes dans la population, c'est-à-dire qu'à cet endroit se trouve, par exemple, une base G chez certains (un **allèle**), un A chez d'autres (l'autre allèle). En principe, un **Snip** pourrait comporter quatre allèles, mais en fait ces marqueurs sont pratiquement toujours bialléliques pour des raisons statistiques (la probabilité que plusieurs mutations se produisent exactement au même point dans l'ADN étant très faible). Les techniques actuelles permettent d'étudier des milliers et même des millions de Snips chez des milliers de personnes, et c'est aujourd'hui le marqueur le plus utilisé dans les travaux à grande échelle.

Utilité clinique : Notion importante pour un test de diagnostic, car un test peut être scientifiquement valide mais sans utilité réelle. On dit qu'un test a une utilité clinique s'il est montré (par l'expérimentation) que l'emploi de ce test aboutit effectivement à un meilleur résultat pour le malade (un traitement plus efficace, ou l'omission d'un traitement inutile) ainsi éventuellement qu'à des économies pour le système de santé. La recherche de la trisomie 21 chez les femmes enceintes a, par exemple, démontré son utilité clinique en faisant baisser de manière importante le nombre d'enfants souffrant du syndrome de Down.

Table

Du même auteur

Voyage autour du génome
Le tour du monde en 80 labos
INSERM / John Libbey, 1993

Voyage au pays des gènes
Les Belles Lettres, 1995

Génétique et génome : la fin de l'innocence
Flammarion, 1996

Les Imposteurs de la génétique
Prix Roberval 2000
Seuil, « Science ouverte », 2000

Le Chant d'amour des concombres de mer
Seuil, « Science ouverte », 2002
et « Points sciences », 2006

Chroniques d'une séquence annoncée
1992-2002 : dix ans de programmes Génome
EDK, 2003

Les Marchands de clones
Seuil, « Science ouverte », 2003

Le Clonage : fantasmes et réalité
Milan, 2004

Thérapie génique : espoir ou illusion ?
Prix Jean Rostand 2007
Odile Jacob, 2007

L'Humanité au pluriel
La génétique et la question des races
Prix La science se livre 2009
Seuil, « Science ouverte », 2008

Le Seuil s'engage pour la protection de l'environnement

Ce livre a été imprimé chez un imprimeur labellisé Imprim'Vert, marque créée en partenariat avec l'Agence de l'Eau, l'ADEME (Agence de l'Environnement et de la Maîtrise de l'Énergie) et l'UNIC (Union Nationale de l'Imprimerie et de la Communication).
La marque Imprim'Vert apporte trois garanties essentielles :

- la suppression totale de l'utilisation de produits toxiques ;
- la sécurisation des stockages de produits et de déchets dangereux ;
- la collecte et le traitement des produits dangereux.

RÉALISATION : NORD COMPO
IMPRESSION : CORLET IMPRIMEUR S.A. À CONDÉ-SUR-NOIREAU
DÉPÔT LÉGAL : JANVIER 2012. N° 105411 (142797)
IMPRIMÉ EN FRANCE